现代天文科学丛书

空间目标的天基探测

吴连大　熊建宁　牛照东　肖维军　著

科学出版社

北　京

内 容 简 介

本书以空间目标编目为背景，介绍空间目标天基探测的基本原理和平台的经典轨道——明暗界线轨道，研究天基探测望远镜的探测能力（探测星等和探测目标的大小）。根据现在在轨的空间目标的实际分布，重点研究望远镜视场、安装方向和平台的姿态，并讨论这些因素对探测目标数量和探测弧长的影响，给出 GEO（地球同步轨道）目标和 LEO（近地轨道）目标的几种全新的探测方法，提出一种评价天基探测方案的指标，并利用仿真计算的方法，对国内外各种方法进行比较。本书简要介绍天基探测的图像处理方法、数据的轨道关联方法和 UCT（未关联目标）数据处理方法。

本书可供从事天文、空间探测的科研和教育工作者参考。

图书在版编目（CIP）数据

空间目标的天基探测/吴连大等著. —北京：科学出版社，2017.6
（现代天文科学丛书）
ISBN 978-7-03-053488-0

Ⅰ. ①空… Ⅱ. ①吴… Ⅲ. ①空间探测 Ⅳ. ①V1

中国版本图书馆 CIP 数据核字（2017）第 137800 号

责任编辑：曾佳佳　沈　旭/责任校对：郑金红
责任印制：赵　博/封面设计：许　瑞

科 学 出 版 社 出版

北京东黄城根北街 16 号
邮政编码：100717
http://www.sciencep.com

北京厚诚则铭印刷科技有限公司印刷
科学出版社发行　各地新华书店经销

*

2017 年 6 月第 一 版　　开本：720×1000　1/16
2025 年 1 月第七次印刷　　印张：8
字数：162 000

定价：**69.00 元**
（如有印装质量问题，我社负责调换）

目　　录

第1章 引　言

　　空间目标的天基探测，是指将观测设备安装在天基平台上，对空间目标进行的探测。由于雷达设备需要很大的功率，一时无法进行雷达的天基探测，因此，在现阶段，空间目标的天基探测，是指空间目标的光学探测，也就是将光学望远镜安装在一个卫星平台上，对空间目标进行探测的方式（图1-1）。

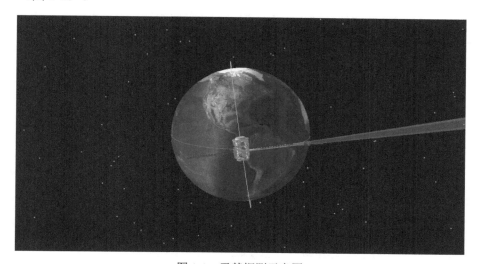

图 1-1　天基探测示意图

1.1　天基探测的优点

与地面探测相比较，天基探测有如下优点：

（1）天基探测没有白天和黑夜之分，24 小时均可以探测。

（2）天基探测不受天气影响，可以进行全天候探测。

（3）天基探测的天光背景很暗（暗于 21 等），不受大气消光的影响。

因此，同样口径的望远镜天基探测能力比地面探测强。

综上所述，天基探测已成为空间目标探测今后发展的重点。

1.2　天基探测的目标

天基探测的目标是：

（1）利用以上的探测的优点，建立天基探测平台，为空间目标的编目提供尽量多的空间目标探测数据，与地面探测设备一起建立空间目标的天地一体化的探测系统。

（2）探测尽量小的空间碎片，提高空间碎片编目的水平。

（3）天基探测平台不受天气和国界等的限制，可以按需布设，便于布设组网平台，以便提高空间目标探测的覆盖度。

（4）天基探测能方便地实现空间目标的近距观测，实现空间目标的近距成像观测可以得到空间目标的清晰图像，提高空间感知能力。

1.3　本书的写作目的

对于空间目标的天基探测，大家最关心的问题有：

●天基探测能看到多少目标？

●天基探测得到的定轨精度如何？

●利用天基探测数据是否能进行独立定轨、独立编目？

●天基探测有多大能力？

本书将力图回答这些问题，当然，同时回答的问题还有：

●用什么样的平台轨道，才能获取更多的探测数据？

●平台采用哪种定向方式，采用哪种姿态控制，对天基探测最有利？

●望远镜是否需要二维转台？

●为了获取更多的探测数据，望远镜视场需要多大，望远镜如何安装？

众所周知，空间目标有近地轨道（LEO）目标、地球同步轨道（GEO）目标以及其他轨道的目标，如偏心率较大的地球同步转移轨道（GTO）目标、全球定位系统（GPS）目标、中等地球轨道（MEO）目标等。本书所关注的目标，主要是 LEO 和 GEO 两种目标。

当然，对于不同目标，需要采用不同的技术方法，各种探测方案得到的结果是不同的，我们需要比较各种方法，找出一种较好（不一定是最好的）的技术方法。这就是本书写作的主要目的。

天基探测分单星探测和组网探测，当然，组网探测的能力要比单星探测强得多。但是，如何组网？这一问题现在仍没有很好地研究，世界各国也没有发射一个较好的空间目标探测的组网系统。尽管有些系统含有组网的构件，如天基空间监视系统（SBSS）等，但这些系统仍不成熟，或者不是一个以编目为目标的组网系统。因此，我们在本书中主要讨论单星探测的方法。

一个探测平台，只相当于地面的一个观测站，其能力是有限的。特别是对于 LEO 目标，一个平台不可能每天对所有 LEO 目标都进行探测，要完成 LEO 目标的天基编目，单依靠一个平台是不太可能的，需要依靠多个平台组网工作。或者，将天基探测数据与地面探测数据放在一起，进行天地一体化定轨编目。

但是，研究表明：对于 GEO 目标，单星平台有可能完成独立定轨和独立编目。当然，前提是望远镜要有足够的视场，我们将在本书中详细讨论这个问题。

空间目标天基探测平台的轨道，现在常采用太阳同步轨道，它有两种过降交点的地方时：6 时和 18 时，平台采用对地三轴稳定姿态，这是一种经典的轨道，这种轨道常称为明暗界线轨道。对于这种平台轨道，望远镜视场中目标的相位角很好，目标较亮，便于探测，而且望远镜视场中心（过降交点的地方时 18 时）永远指向赤纬南纬 $i_0 - 90°$（i_0 为平台的轨道倾角）。因此，在数据处理时，只要涉及南纬 $i_0 - 90°$ 附近的恒星，处理需要的星表储存量较小，处理速度也比较快。由于以上优点，现在国外许多天基探测平台均采用这种轨道，本书也重点讨论这种平台轨道。

天基探测方案与平台的姿态密切相关。常见的平台姿态有：对地定向、对日定向和准惯性定向。

在本书中，对于 GEO 目标，我们研究对地定向和准惯性定向的探测方法；对于 LEO 目标，我们研究对地定向和对日定向的探测方法。

天基探测需要将望远镜安装在平台上，地面望远镜是有二维转台的，但是，对于空间目标的天基探测来说，不一定需要二维转台，只需要将望远镜固定安装在平台上即可，这样可以大大简化平台的控制系统。当然，望远镜安装的方向非常重要，我们将在本书中详细讨论望远镜安装的方向问题。

1.4　本书的章节安排

本书分 6 章，第 1 章是引言，介绍天基探测的优点和目标，重点介绍本书的写作目的。

第 2 章是光电探测的基础，介绍望远镜的组成，包括光学望远镜的类型和探测器 CCD，重点介绍空间目标探测的信噪比计算方法，举例说明地面望远镜的探测星等和探测目标的大小，供天基探测的地面试验作参考。

第 3 章是天基探测的基本原理，介绍天基探测的平台轨道、平台姿态、探测弧长、望远镜的安装方式和目标可见区域在地心天球上的运动，对天基探测的信噪比计算方法以及望远镜对 LEO 目标和 GEO 目标的探测星等和探测目标的大小做了重点介绍。对空间目标的可见条件和模拟计算的基本算法作了详细的介绍。最后，提出了评判探测方法优劣的一种指标，供比较各种探测方法使用。

第 4 章是 GEO 目标的天基探测，这一章是本书的重点。首先，分析现在在轨 GEO 目标的倾角和空间位置分布，指出探测 GEO 目标必须考虑地球同步带目标（倾角小于 17° 的所有目标）的探测，这时，小视场望远镜就不能满足要求。假定望远镜视场为 L 度×M 度（$L>M$），如果采用对地定向平台，可以对地球同步带目标进行全覆盖探测，并且每天每个目标均能探测到两次的必要条件是：$L>25°$。一般的望远镜设计，均不能得到这样大的视场。随后，我们给出如下三种可以满足要求的望远镜方案，并进行初步设计：离轴三反式望远镜方案、12.5°×12.5° 全球面望远镜拼接视场方案和 20°×20° 非球面方案。

此外，研究提高探测精度的方法和避开地影的方法；为了得到更长的弧段，第 4 章还提出一种准惯性平台的探测方案。第 4 章最后，利用模拟计算方法，详细比较以上各种方案的探测效率和探测精度。

第 5 章是 LEO 目标的天基探测，重点是对地定向方法，通过对无地影可见区域面积的分析，给出了一种选择平台高度的方法。这种方法直接计算平台运动一圈所得的可见区域的总面积，并计算全年平均的无地影可见区域面积，与过去的方法[1]相比，计算原理清晰，算法简单。为了避开地影，第 5 章讨论对日定向方法，并计算该方法的可见区域（即无地影可见区域）面积，发现可见区域面积比对地定向方法要小。而且，还讨论了望远镜需要避开地球的问题，为了避开地球，提出限位对日定向方法，研究表明，该方法不仅可以避开地球，而且有较高的目标覆盖率，因此，也是一种值得研究的方案。最后，利用模拟计算，分析比较以上两种方法的优缺点：对地定向方法编目定轨能力较强，限位对日定向方法的目标覆盖率较好。

第 6 章是数据处理和轨道关联，首先，分析视场中恒星和动目标的运动，简略介绍动目标的检测方法；介绍天文定位方法和在天文定位中改正周年光行差和平台光行差（这是一种天基探测特有的光行差）的方法。随后，为了实现探测数据的轨道关联，介绍可见目标集合的初选、已知目标的轨道关联方法、未关联目标（UCT）数据处理方法和新目标轨道确定方法，简略介绍了初轨计算方法，讨论了天基探测初轨计算需要注意的问题。最后，利用模拟数据，评估了 GEO 目标和 LEO 目标的定轨精度。

附录中给出了一些 FORTRAN 程序以及简单的程序使用说明，利用这些程序可以计算：地面望远镜的探测星等、天基望远镜的探测星等、优选平台高度的目标函数、限位对日定向方法的可见弧长等。

第2章　光电探测的基础

2.1　望远镜的组成

望远镜主要由镜筒（光学系统）、探测器和机架组成。由于本书的写作背景是空间目标的天基探测，天基探测的望远镜一般是固定安装在平台上面的，没有转台，因此，这里只研究前两个组成部分，即光学系统和探测器。

2.1.1　光学系统

空间目标的探测，需要大焦比的光学系统，在许多场合下均希望 F 数（F/D）小于等于 1.2，即

$$\frac{F}{D} \leqslant 1.2$$

式中，D 为望远镜口径；F 为焦距。

众所周知，常用的望远镜光学系统（图 2-1）有：折射式、反射式和折反射式。

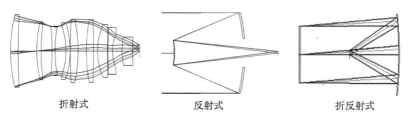

折射式　　　　　　　反射式　　　　　　　折反射式

图 2-1　常用的望远镜的光学系统

反射式望远镜的 F 数很难做到小于 2，因此，对于需要大视场的探测来说，一般不用反射式。

折射式望远镜的 F 数可以做到 1.2，甚至更小。但是，由于受二级光谱影响，星象的质量不好，口径较大（大于 40 cm）时，玻璃选材加工也有

困难。

折反射式望远镜的 F 数可以做到 1.2，而且星象很好，但有如下缺点：改正板的面形是非球面，加工较困难；折反射式望远镜的焦面是球面，安装电荷耦合器件（charge-coupled device，CCD）时需加平场镜；焦面在望远镜的镜筒里面，会挡光。

在空间目标的探测中，对于小口径（小于 40 cm）的望远镜，一般可采用折射式；口径较大时，如需较大的 CCD 视场，采用折反射式，而且常将焦面引到望远镜的镜筒之外；对于视场并不需要很大的应用，例如，高轨空间目标的探测，反射式或折反射式望远镜都可以使用。

对于天基探测，特别是地球同步带目标的天基探测，还有一种特殊的光学系统——离轴三反式（也称三镜消像差）望远镜。该系统由三块反射镜组成，三块镜面不全是圆形的，视场也可能是长方形的。"蓝宝石"（Sapphire）卫星使用的离轴三反式系统光路的示意图如图 2-2[2]所示。

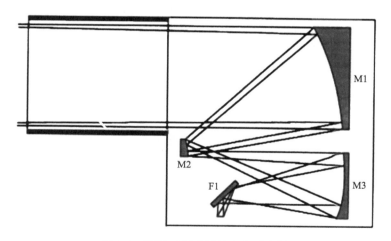

图 2-2 离轴三反式系统光路示意图

离轴三反式望远镜组装后镜筒不再是圆筒形，镜面的尺寸一般比望远镜通光口径大许多。该系统的优点是：由于系统只有反射镜面，光谱范围较宽，有利于提高探测星等；该系统的星象很好，有利于提高探测精度，只是镜面需要非球面，研制有一点难度，而且焦距变短有一定限制。

研制望远镜首先需要进行光学设计，一般根据科学目标决定望远镜的口径，根据视场和选择的 CCD 靶面大小，决定望远镜的焦距。望远镜的设计指标还有：

- 光谱范围，一般是 500~800 nm，当然宽一些更好。
- 光学透过率，一般要求 70%~80%。
- 镜片越少越好，玻璃重量越轻越好。
- 最好没有非球面。
- 后接距必须满足 CCD 安装的要求，一般要求后接距大于 3 cm。
- 能量集中度 R 与 CCD 像元尺寸相匹配。

应该指出的是：能量集中度的设计结果非常重要，因为我们需要根据能量集中度 R（80%的设计能量集中在以 R 为半径的圆内）来选择 CCD，一般选择 CCD 的像元大小与 R 相同。这不仅影响到望远镜的探测能力，还决定了望远镜的探测精度。

2.1.2 探测器

望远镜的探测器，最初是人眼，后来是照相底片，现在基本上采用 CCD。CCD 有许多种类：

按制造工艺来分，有背照和前照两种，一般背照的量子效率高（可达 90%），前照的量子效率低（现在也可达 50%）；按读出方式分，有全帧（full frame）CCD、行间转移（interline transform）CCD 和帧转移（frame transform）CCD。

CCD 有许多指标，对于空间目标探测来说，最主要的指标是：

(1) 量子效率，越高越好。

(2) 读出速度，越快越好。

(3) 读出噪声，越小越好。

(4) 靶面大小，大视场需要大靶面。

(5) 像元尺寸，高精度需要小像元。

同时满足以上所有要求的 CCD 是很少的，因此，如果我们不能（或不想）研制专用的 CCD，在研制光电望远镜时，必须首先选好 CCD。

下面介绍 CCD 信噪比的计算方法。假定在探测时，落在 CCD 一个像元上的来自观测的光子数为 P，CCD 的量子效率为 Q_E，则 CCD 的信噪比为

$$\frac{S}{N} = \frac{Q_E P}{\sqrt{Q_E P + N_{dark} \times t + \delta_{readout}^2}} \tag{2-1}$$

式中，N_{dark} 为 CCD 暗流；$\delta_{readout}$ 为读出噪声；t 为露光时间。

对于天文观测来说，来自观测的光子数又分成两部分：

$$P = P_{obj} + P_{sky}$$

式中，P_{obj} 为目标的光子数；P_{sky} 为天光的光子数。天体观测真正的信噪比为

$$\frac{S}{N} = \frac{Q_E P_{obj}}{\sqrt{Q_E P_{obj} + Q_E P_{sky} + N_{dark} \times t + \delta_{readout}^2}} \tag{2-2}$$

对于 EMCCD（electron-multiplying CCD）和 ICCD（intensified CCD），在计算信噪比时，还要考虑感应噪声和噪声放大因子。这时，信噪比的计算方法[3]如下：

$$\frac{S}{N} = \frac{Q_E P_{obj}}{\sqrt{F^2(Q_E P_{obj} + Q_E P_{sky} + N_{dark} \times t + \delta_{cic}^2) + \delta_{readout}^2 / M^2}} \tag{2-3}$$

式中，M 为 EMCCD（或 ICCD）的放大倍数；F 为噪声放大因子；δ_{cic} 为时钟感应噪声。它们的取值如表 2-1 所示。

表 2-1　不同 CCD 的比较

参数	理想 CCD	CCD	EMCCD	ICCD
量子效率/%	100	93	93	50
读出噪声/电子	0	10	60	20
增益	1	1	1	1
时钟感应噪声/电子	0	0.001	0.001	0.001
噪声放大因子	1	1	1.41	1.6

比较 CCD 和 EMCCD（ICCD）的信噪比，我们不难看出：在信号弱的时候应使用 EMCCD（ICCD），在信号强的时候应使用 CCD。但要注意，这里的信号包括目标信号和天光信号，在天光强时，也不应该使用 EMCCD（ICCD）。有文献说，信号强弱的分界线为每个像元 100 个光子。

最后，还要说一下 M 的选择问题。当然，总希望 M 使读出噪声的影响变小。由于，M 变大，F 也变大，如图 2-3 所示。M 选 100 时，读出噪声的影响已经小于 1 个电子，因此，选择 M 为 100 左右是合适的。但在计算信噪比时要注意：F^2 应取 2。

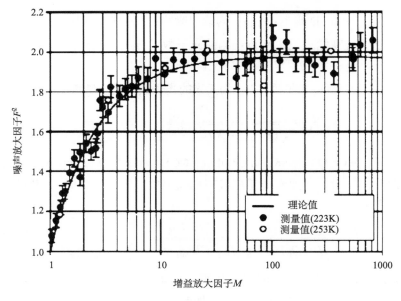

图 2-3 EMCCD 的 F^2-M 图

下面推荐一种国产 CCD，这种 CCD 称为 CMOS CCD，它相当于一个感光的内存条，读出时，无需 AD（模/数）变换。因此，读出速度很快，而且面阵可以做得很大。几年前，CMOS CCD 的读出噪声很大，不能使用，现在噪声问题解决了，红敏后的量子效率已接近 70%（图 2-4），读出噪声只有 5 个电子，能得到每秒 10 帧以上的速度，还有电子快门，而且能研

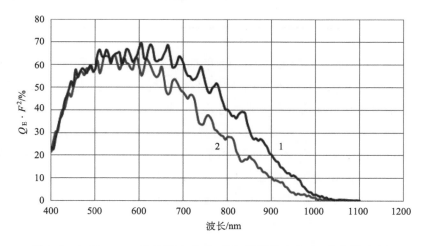

图 2-4 CMOS CCD 的光谱响应（1 为红敏后的响应，2 为普通响应）

制为航天级的产品。由于是国产的，面阵大小和像元尺寸均可以按需选择，价格也便宜很多。因此，CMOS CCD 是一种非常适合空间目标探测的 CCD。

2.2　望远镜的探测能力

2.2.1　目标距离和视运动角速度

1）计算空间运动的速度 V

假定目标是圆轨道，我们有

$$V = \sqrt{\frac{\mu}{r}} \tag{2-4}$$

式中，μ 为地球引力参数，取值 398 600.4 km^3/s^2；r 为目标地心距（km）。

$$r = R_E + H \tag{2-5}$$

式中，R_E 为地球半径，R_E=6 378.14 km；H 为目标地面高度（km）。

2）计算目标与测站的距离 ρ

$$\rho = \sqrt{r^2 - R^2 \sin^2 z} - R \cos z \tag{2-6}$$

式中，z 为天顶距；R 为测站地心距。

3）计算目标的视运动角速度

$$u = V \cos \psi / \rho$$
$$w = V \sin \psi \cos \alpha / \rho \tag{2-7}$$

式中，ψ 为目标飞行方向与水平方向的夹角；u 为目标的视运动角速度在水平方向上的投影；w 为目标的视运动角速度在垂直方向上的投影；α 为目标到测站和目标到地心之间的夹角。

$$\cos \alpha = \frac{r^2 + \rho^2 - R^2}{2r\rho} \tag{2-8}$$

目标的视运动角速度为

$$v = \sqrt{u^2 + w^2} \tag{2-9}$$

4）最大视运动角速度和最小视运动角速度

显然当 ψ=0° 时，视运动角速度最大；当 ψ=90° 时，视运动角速度最小，即

$$u_{\max} = V / \rho, \quad w_{\max} = 0$$
$$u_{\min} = 0, \quad w_{\min} = V \cos\alpha / \rho \qquad (2\text{-}10)$$
$$v_{\max} = V / \rho, \quad v_{\min} = V \cos\alpha / \rho$$

不同地面高度目标的最大和最小视运动角速度如表 2-2 所示。

表 2-2　不同地面高度目标的最大和最小视运动角速度　（单位：（°/s））

仰角 /（°）	200 km		500 km		1 000 km		1 500 km		2 000 km	
	max	min	max	min	max	min	max	min	max	min
80	2.197	2.166	0.860	0.849	0.416	0.41	0.268	0.266	0.195	0.194
70	2.100	1.981	0.824	0.781	0.399	0.381	0.258	0.248	0.189	0.182
60	1.941	1.698	0.765	0.677	0.373	0.336	0.243	0.222	0.178	0.164
50	1.726	1.350	0.685	0.550	0.337	0.280	0.221	0.189	0.163	0.142
40	1.464	0.980	0.588	0.414	0.295	0.221	0.196	0.154	0.146	0.119
30	1.164	0.632	0.480	0.286	0.247	0.164	0.168	0.120	0.127	0.096
20	0.842	0.347	0.366	0.179	0.199	0.116	0.139	0.090	0.108	0.075
10	0.527	0.157	0.257	0.105	0.152	0.080	0.112	0.067	0.089	0.059

2.2.2　信噪比计算

给定望远镜口径 D（cm）、焦距 F（cm）、光学透过率 η、测站夜天光 sky（星等）、测站大气透过率 γ、能量集中度 R（μm）、CCD 量子效率 Q_E、像元尺寸 L（μm），对于望远镜不跟踪的情况，M 星等目标的信噪比的计算方法如下。

1）露光时间 t 的计算

空间目标在一个像元上的停留时间 t（秒）为

$$t = (K + 1) \times A / v \qquad (2\text{-}11)$$
$$t_{sky} = 2K \times A / v \qquad (2\text{-}12)$$

式中，A 为每个像元的大小（角秒），$A = L / (F \times 10\,000) \times 206\,265$，$K = 2R/L$；$v$ 为目标最大运动角速度（角秒/秒，按 2.2.1 节方法计算）。

说明：t_{sky} 的取值应为 CCD 的露光时间，一般 $t_{sky} \geqslant t$，式（2-12）只是一种近似。

2）望远镜接收的光子数

$$P_{\text{obj}} = \frac{\pi}{4} \times D^2 \times \eta \times \gamma \times 3.4 \times 10^6 \times 2.512^{-M} \times t \times Q_{\text{E}} \qquad (2\text{-}13)$$

3）一个像元的天光光子数

$$P_{\text{sky}} = \frac{\pi}{4} \times D^2 \times \eta \times \gamma \times 3.4 \times 10^6 \times 2.512^{-sky} \times t_{\text{sky}} \times A^2 \times Q_{\text{E}} \qquad (2\text{-}14)$$

4）分光因子 β 的计算

根据能量集中度的定义，我们有

$$2\Phi(x) - 1 = 0.8 \qquad (2\text{-}15)$$

这里，$x = R/\sigma$，函数 Φ 为正态概率积分。查表[4]可得 $x = 1.28$，已知 R 后，就可计算得到 σ。则分光因子 β 就可按下式计算：

$$4\beta = 2\Phi(L/\sigma) - 1 \qquad (2\text{-}16)$$

不难看出，在 L 小于 R 时，β 小于 0.2，L 越小，β 越小。这说明像元尺寸小时，由于 β 小，信噪比也小，会影响探测能力，选择 L 与 R 相当是比较合适的。

5）信噪比

$$\frac{S}{N} = \frac{\beta P_{\text{obj}}}{\sqrt{\beta P_{\text{obj}} + P_{\text{sky}} + N_{\text{dark}} \times t_{\text{sky}} + \delta_{\text{readout}}^2}} \qquad (2\text{-}17)$$

式中，N_{dark} 为 CCD 暗流（电子/（秒·像元））；δ_{readout} 为 CCD 的读出噪声（电子）。

2.2.3 探测星等

一个目标是否可以探测到，可以根据信噪比来判断，一般认为信噪比大于 4 时，目标可以探测。

2.2.2 节计算信噪比时的星等为目标的视星等，对于地基探测，还要改正大气消光。

望远镜的探测星等可按下式计算：

$$探测星等 = 探测视星等 - 大气消光$$

其中，大气消光可以用下式计算：

$$xg = -2.5 \times \lg 0.7 \times f(z) \qquad (2\text{-}18)$$

$$f(z) = \sec z - 0.018\,167(\sec z - 1) - 0.002\,875(\sec z - 1)^2$$

$$- 0.000\,898\,3(\sec z - 1)^3$$

式中，z 为天顶距，不同天顶距的大气消光如表 2-3 所示。

表 2-3　大气消光表

仰角/（°）	大气消光/星等	仰角/（°）	大气消光/星等
85	0.001	45	0.157
80	0.006	40	0.211
75	0.013	35	0.282
70	0.024	30	0.379
65	0.039	25	0.516
60	0.059	20	0.725
55	0.084	15	1.072
50	0.116	10	1.747

注：表列数据没有包括天顶消光 0.389 星等，式（2-18）的计算结果已包含此项。

　　由表 2-3 可见：仰角小于或等于 15°，大气消光已超过 1 个星等；在仰角为 10°时，达到 1.747 星等，可见大气消光对探测能力的影响是很大的。

　　一般计算探测星等均需要列出一个表，给出不同地面高度目标的不同仰角的探测星等（表 2-4）。

表 2-4　望远镜地基探测星等

（19 等天光，50%照亮，目标在最大速度方向上运行）

仰角 /（°）	目标高度/km												
	300	400	500	600	700	800	900	1 000	1 200	1 400	1 600	1 800	2 000
75	9.7	9.9	10.1	10.3	10.4	10.5	10.6	10.7	10.8	10.9	11.0	11.1	11.2
65	9.8	10.0	10.2	10.3	10.4	10.5	10.6	10.7	10.8	10.9	11.0	11.1	11.2
55	9.8	10.1	10.2	10.4	10.5	10.6	10.6	10.7	10.9	11.0	11.1	11.1	11.2
45	9.9	10.1	10.3	10.4	10.5	10.6	10.7	10.8	10.9	11.0	11.1	11.2	11.2
35	10.0	10.2	10.3	10.5	10.6	10.6	10.7	10.8	11.0	11.1	11.1	11.2	11.2
25	10.0	10.1	10.3	10.4	10.5	10.6	10.6	10.7	10.8	10.9	11.0	11.0	11.1
15	9.7	9.8	10.0	10.1	10.1	10.2	10.3	10.3	10.4	10.5	10.5	10.6	10.6

　　表 2-4 是望远镜探测星等的计算实例，计算时假定望远镜口径为 15 cm，焦距为 15.4 cm，能量集中度为 16 μm，CCD 像元大小为 16 μm，

量子效率为 58%，读出噪声为 5 电子，光学系统的透光率为 75%，测站大气透过率为 70%，信噪比大于 4 时即可探测到目标，考虑了大气消光，根据目标最大视运动角速度（$\psi = 0$）确定积分时间。与此相应的露光时间如表 2-5 所示。

探测星等的数据，可供地面试验比对使用。

计算望远镜探测星等的程序请参见附录。

表 2-5　望远镜探测露光时间

（19 等天光，50%照亮，目标在最大速度方向上运行）　（单位：ms）

仰角	目标高度/km												
/ (°)	300	400	500	600	700	800	900	1 000	1 200	1 400	1 600	1 800	2 000
75	12.7	17.1	21.5	25.9	30.4	35.0	39.6	44.2	53.7	63.4	73.3	83.4	93.7
65	13.9	18.6	23.3	28.1	33.0	37.8	42.8	47.7	57.8	68.1	78.5	89.1	99.9
55	15.9	21.2	26.5	31.9	37.2	42.7	48.1	53.5	64.6	75.7	86.9	98.3	109.9
45	19.1	25.3	31.6	37.8	44.0	50.2	56.3	62.5	74.9	87.2	99.6	112.1	124.6
35	24.3	32.0	39.6	47.0	54.4	61.7	68.9	76.0	90.1	104.1	118.0	131.8	145.6
25	33.1	43.0	52.5	61.7	70.7	79.4	87.9	96.2	112.5	128.4	143.9	159.3	174.4
15	49.3	62.4	74.5	85.9	96.7	107.0	116.9	126.6	145.1	162.8	179.9	196.6	213.0

2.2.4　探测目标的大小

目标星等可用下式计算：

$$m = 1.4 - 2.5\lg\gamma - 5\lg D + 5\lg\rho + \Delta m(\sigma) \qquad (2\text{-}19)$$

式中，γ 为目标表面漫反射系数；D 为目标直径（cm）；ρ 为目标到观测站的斜距（km）；$\Delta m(\sigma)$ 为目标相位角 σ 的函数，相位角 σ 是太阳至目标和观测站至目标两连线间的夹角。$\Delta m(\sigma)$ 的计算公式如下：

$$\Delta m(\sigma) = -2.5\lg[\sin\sigma + (\pi - \sigma)\cos\sigma]$$

假定 $\gamma = 0.3$，$-2.5\lg\gamma = 1.31$，目标 50%照亮（$\sigma = 90°$），$\Delta m(\sigma) = 0$，则有

$$m = 1.4 + 1.31 - 5\lg D + 5\lg\rho = 2.71 - 5\lg D + 5\lg\rho \qquad (2\text{-}20)$$

假定望远镜的探测星等为 m 等，则

$$\lg D = \frac{-m + 2.71}{5} + \lg\rho \qquad (2\text{-}21)$$

于是，

$$D = 10^{\frac{-m+2.71}{5}+\lg\rho} = 10^{\frac{-m+2.71}{5}} \cdot \rho \qquad (2\text{-}22)$$

与表 2-4 对应的可探测目标的大小如表 2-6 所示。由于目标的表面漫反射系数 γ 不一定等于 0.3，因此，表 2-6 所列数据仅供参考。

表 2-6 望远镜地基探测目标大小

（19 等天光，50%照亮，目标在最大速度方向上运行）（单位：cm）

仰角 /（°）	目标高度/km												
	300	400	500	600	700	800	900	1 000	1 200	1 400	1 600	1 800	2 000
75	12.4	15.1	17.2	18.8	20.9	22.8	24.5	26.0	29.8	33.1	36.1	38.8	41.2
65	12.6	15.3	17.4	19.9	22.1	24.1	25.9	27.4	31.4	34.9	38.0	40.7	43.1
55	13.8	16.0	19.1	20.8	23.1	25.1	26.9	29.8	32.5	36.0	39.2	43.9	46.4
45	15.1	18.3	20.7	23.6	26.2	28.4	30.3	32.0	36.4	40.2	43.5	46.3	51.1
35	17.5	21.0	24.7	26.8	29.5	33.4	35.5	37.4	42.1	46.2	49.8	55.3	58.0
25	22.6	28.1	31.3	35.2	38.4	41.2	45.6	47.7	53.1	57.7	61.6	67.9	70.7
15	37.1	44.9	49.0	54.1	61.0	64.6	67.5	73.1	80.0	85.7	94.6	98.5	106.4

第3章　天基探测的基本原理

3.1　探　测　平　台

3.1.1　平台的经典轨道

天基探测平台的轨道，现在常采用太阳同步轨道，它有两种过降交点的地方时：6 时和 18 时。平台对地三轴稳定，是一种经典的轨道，这种轨道常称为明暗界线轨道。

所谓太阳同步轨道，就是轨道升交点经度 Ω 的变率与太阳运动速率一样（每天变+0.985 6°）的轨道，不同地面高度的太阳同步轨道的倾角是不同的，表 3-1 给出了常见的太阳同步轨道高度和倾角的数值。

表 3-1　常见的太阳同步轨道的高度和倾角

地面高度/km	倾角/（°）	地面高度/km	倾角/（°）	地面高度/km	倾角/（°）
450	97.21	700	98.19	950	99.25
500	97.40	750	98.39	1000	99.48
550	97.59	800	98.60	1050	99.71
600	97.79	850	98.82	1100	99.94
650	97.99	900	99.03	1150	100.18

为了说明方便，我们假定：

（1）降交点地方时为 18 时（平台升交点经度 Ω＝平太阳赤经−90°），望远镜垂直安装在平台前进方向的左侧。

（2）望远镜的口径为 15 cm，半视场为 α（度）。

这样，望远镜的指向就是平台轨道的法线方向 $\bar{N}$（图 3-1），即

$$\bar{N} = \begin{pmatrix} \sin\Omega\sin i_0 \\ -\cos\Omega\sin i_0 \\ \cos i_0 \end{pmatrix} = \begin{pmatrix} \sin(\bar{\alpha}_\odot - 90°)\sin i_0 \\ -\cos(\bar{\alpha}_\odot - 90°)\sin i_0 \\ \cos i_0 \end{pmatrix} = \begin{pmatrix} -\cos\bar{\alpha}_\odot \sin i_0 \\ -\sin\bar{\alpha}_\odot \sin i_0 \\ \cos i_0 \end{pmatrix} \quad (3\text{-}1)$$

式中，i_0 为平台的轨道倾角；Ω 为平台的升交点经度；$\bar{\alpha}_\odot$ 为平太阳赤经。这种平台轨道有许多优点，首先是望远镜视场方向的目标的相位角很好，目标较亮，便于探测；其次是望远镜视场的中心永远指向赤纬南纬 $i_0 - 90°$，因此，在数据处理时，只要涉及南纬 $i_0 - 90°$ 附近的恒星，处理需要的星表储存量较小，对星载计算机的要求较低，处理速度也会较快。

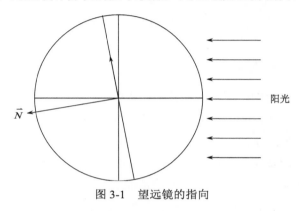

图 3-1　望远镜的指向

3.1.2　望远镜的安装

1）平台本体坐标系

平台本体坐标系的定义为：X 轴（滚动轴），指向平台前进方向；Z 轴（偏航轴），指向地心；Y 轴（俯仰轴），XYZ 组成右手系。

如图 3-2，O 为地心，A 为平台，AD 平行于轨道面法向 $\vec{N}$，X 轴、Z 轴如图 3-2 所示，AB 为望远镜指向，AB 与 AD 的夹角为安装角 β。显然，$\beta=0$ 的安装就是垂直安装。

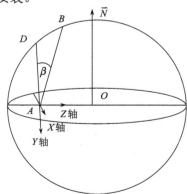

图 3-2　平台本体坐标系和安装角

2）望远镜安装

望远镜安装在平台侧面（XZ 平面）上，望远镜指向与侧面法向的夹角为 β（偏向地心为正）。CCD 一边平行于 X 轴，另一边与 X 轴和望远镜指向垂直。对于大多数平台，平行于 X 轴的是 CCD 短边，准惯性平台平行于 X 轴的是 CCD 长边（平行于赤道）。

3.1.3　平台的姿态

1）三轴稳定姿态

平台通过姿态控制，使平台的三个轴保持定义的指向，即滚动角、偏航角和俯仰角均为 0° 的姿态，称为三轴稳定姿态。采用这种姿态的平台，称为三轴稳定平台，也称为对地定向平台。

由于对地观测的卫星最多，这种姿态的控制方法最为成熟，天基探测平台也常用这种姿态。在本书中，以此平台实施的探测方法被称为对地定向方法。

2）准惯性姿态

在惯性坐标系中，平台本体坐标系的三个轴保持不变的卫星姿态，称为惯性姿态。但是，天基探测需要望远镜的指向与平台轨道面保持稳定的关系，即本体坐标系需要随轨道面一起进动，每天转动+0.985 6°，这种姿态称为准惯性姿态，采用这种姿态的平台称为准惯性平台。其中，平台的一个侧面（XZ 平面）的法向指向赤道，且与轨道面法向赤经相同的准惯性平台对天基探测特别重要。下面，书中的准惯性平台就是这种平台，以此平台实施的探测方法被称为准惯性定向方法。

3）对日定向姿态

有许多空间探测需要对日定向，如太阳帆板。平台的一个侧面的法向指向太阳，另一个侧面（即 XZ 平面）的法向就指向反日点，这种姿态对天基探测也很重要。

假定平台的三个姿态角为滚动角 a、偏航角 b 和俯仰角 c，对日定向姿态角为

$$a=\theta\sin u$$
$$b=\theta\cos u$$
$$c=0$$

式中，$\theta = \delta_{\odot} + i_0 - 90°$；$u$ 为平台的纬度角；i_0 为平台倾角；$\delta_{\odot}$ 为反日点赤纬。

也就是说，对日定向姿态与对地定向姿态的差别只是姿态角 a 和 b 不同，可以利用与对地定向方法类似的姿态控制方法实现。

利用对日平台实施的探测方法就叫做对日定向方法。

4）赤道点定向姿态

在对日定向姿态中，$\delta_{\odot} \equiv 0°$ 时，就得到一种特殊的姿态，这种姿态对天基探测很有用，我们称它为赤道点定向姿态，以赤道点定向平台实施的探测方法被称为赤道点定向方法。

3.2　天基探测的可见弧长

如图 3-3，在垂直于轨道面的某一剖面，O 为地心，A 为平台，$\bar{N}$ 为轨道面法向，AO 为平台的地心距 r_0，AB 和 AC 为望远镜的视场边缘，AD 为望远镜视场中心。对于地心距为 r 的空间目标，可见的地心张角范围为 $\angle BOC$。显然，$\angle BOC = \angle 1 + \angle 2$。

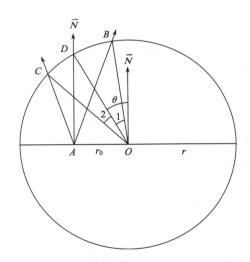

图 3-3　垂直安装的地心距为 r 的目标的可见范围

利用平面三角知识，可以得到

$$\angle 1 = \alpha + \theta - \angle B$$
$$\angle 2 = \alpha - \theta + \angle C$$

$$(3-2)$$

不难证明

$$\theta = \arcsin\left(\frac{r_0}{r}\right), \qquad \angle B = \angle C = \arcsin\left(\frac{r_0}{r}\cos\alpha\right) \qquad (3\text{-}3)$$

于是，

$$\angle BOC = \angle 1 + \angle 2 = 2\alpha \qquad (3\text{-}4)$$

这就是说，从地心看，空间目标的可见范围的地心张角与望远镜视场相等。这是一个非常重要的结论，它说明天基探测的可见弧长相当大，例如，望远镜视场为 20°×20°，对于 LEO 目标，就有 5.5 分的探测弧长，可以与地基探测弧长相媲美。

对于垂直安装，望远镜能看到的目标的最小地心距为 $r_0\cos\alpha$，更低的目标就看不到了，要看到更低的目标，需要将望远镜偏转一个 β 角，如图 3-4 所示。

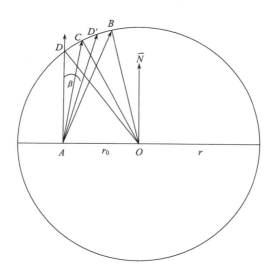

图 3-4　地心距为 r 安装角为 β 的望远镜可见范围

将望远镜安装方向顺时针旋转 β 角，可以证明，这时有

$$\overset{\frown}{BC} = \angle BOC = 2\alpha - \angle B + \angle C \qquad (3\text{-}5)$$

其中，

$$\angle B = \arcsin\left[\frac{r_0\cos(\alpha+\beta)}{r}\right], \qquad \angle C = \arcsin\left[\frac{r_0\cos(\alpha-\beta)}{r}\right] \qquad (3\text{-}6)$$

由于在平台下方有地球，望远镜的安装角不可能无限制扩大，必须满

足条件：

$$n_0 \cos(\alpha + \beta) \geqslant R_E \qquad (3\text{-}7)$$

式中，R_E 为地球半径。

如果，我们要求探测目标的最低地面高度为 $H_{\min}$，则对应的最大安装角 β 为

$$\beta = \arccos\left(\frac{R_E + H_{\min}}{n_0}\right) - \alpha \qquad (3\text{-}8)$$

由此我们可以得出结论：对于地心距为 n_0 的平台，假定望远镜的半视场为 α，给定探测目标的最低高度为 $H_{\min}$，式（3-8）就确定了望远镜的安装角 β。

假定 $H_{\min} = 350\,\text{km}$，不同的平台高度和 α 角对应的 β 角如表 3-2 所示。由表可知，平台高度越大，β 角也越大。对于相同的平台高度，$\alpha + \beta =$ 常数。

表 3-2 不同平台高度和 α 角对应的 β 角（$H_{\min} = 350\,\text{km}$）（单位：(°)）

平台高度/km	β		
	$\alpha=10°$	$\alpha=8°$	$\alpha=6°$
600	5.38	7.38	9.38
700	8.09	10.09	12.09
800	10.40	12.40	14.40
900	12.42	14.42	16.42
1 000	14.23	16.23	18.23
1 100	15.88	17.88	19.88
1 200	17.40	19.40	21.40

式（3-5）只对 $r \geqslant n_0$ 成立，对于 r 和 n_0 的不同情况，$\widehat{BC}$ 的完整计算公式为

$$\widehat{BC} = \begin{cases} 2\alpha - \angle B + \angle C, & r \geqslant n_0 \\ 2(\angle C - \angle B), & n_0 > r > n_0 \cos(\beta - \alpha) \\ 2(90° - \angle B), & n_0 \cos(\beta - \alpha) \geqslant r \geqslant n_0 \cos(\alpha + \beta) \\ 0, & r < n_0 \cos(\alpha + \beta) \end{cases} \qquad (3\text{-}9)$$

式中，$\angle B = \arcsin\left[\dfrac{n_0 \cos(\alpha + \beta)}{r}\right]$，$\angle C = \arcsin\left[\dfrac{n_0 \cos(\alpha - \beta)}{r}\right]$。

当 $\beta > 0$ 时，有 $\angle C \geqslant \angle B$，因此，可见范围弧 $\overset{\frown}{BC} > 2\alpha$。$\beta$ 越大，$\overset{\frown}{BC}$ 越长，不同平台和目标高度的 $\overset{\frown}{BC}$ 的长度如表 3-3 所示。

表 3-3　不同平台和目标高度的 $\overset{\frown}{BC}$ 的长度　（单位：(°)）

目标高度/km	平台高度/km			
	700	900	1 100	1 300
400	13.927	13.927	13.927	13.927
600	30.766	30.766	30.766	30.766
800	30.634	40.791	40.791	40.791
1 000	27.728	34.485	48.461	48.461
1 200	26.385	31.047	36.393	54.795
1 400	25.553	29.326	33.130	37.411
1 600	24.969	28.214	31.319	34.508
1 800	24.529	27.412	30.094	32.739
2 000	24.181	26.796	29.185	31.488

从表 3-3 可见，平台高度越高（β 角越大），$\overset{\frown}{BC}$ 越长，当平台高度超过 1 000 km 时，$\overset{\frown}{BC}$ 几乎比视场大了两倍。应该说明：表 3-3 中第一行和第二行各平台高度的数据相同，这是由于式（3-9）中的 $\angle B$ 与平台高度 r_0 无关，因此，$\overset{\frown}{BC}$ 也与 r_0 无关。

3.3　望远镜中心的运动轨迹

3.3.1　对地定向方法垂直安装时的运动轨迹

由图 3-3 可知，对于对地定向方法，地心距为 r 的空间目标出现在视场中心时，从地心看，它与 $\bar{N}$ 的偏转角为 θ，可按下式计算：

$$\theta = \angle ODA = \arcsin\left(\frac{r_0}{r}\right) \tag{3-10}$$

对于 800 km 处的平台，不同高度目标的 θ 角如表 3-4 所示。

表 3-4   不同高度目标的 θ 角（平台高度 800 km）

目标高度/km	θ 角/(°)
35 800（地球同步卫星）	9.80
2 000	58.96
1 500	73.72
1 000	76.63
900	80.49
800	90.00

对于任意时刻，视场中心在地心天球上的位置就是从轨道面法向 $\bar{N}$ 偏向平台，角距为 θ 的一个点，以该点为中心的一个圆（不是严格的圆）就是此时的可见范围。望远镜中心的运动轨迹，就是以 $\bar{N}$ 为圆心，θ 为半径的一个圆，如图 3-5 所示。

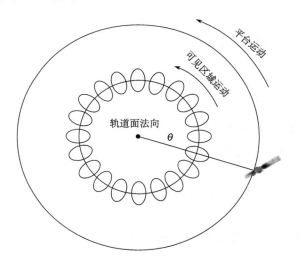

图 3-5   空间目标的可见范围在地心天球上的运动

3.3.2   对地定向方法 β 不等于 0 时的运动轨迹

对于对地定向方法，如果望远镜指向偏转一个角 β（顺时针为正），则从地心看，目标也会向轨道面法线方向偏转一个角 δ，如图 3-6 所示。

在 $\triangle AOE$ 中，可以证明：

$$\delta = \beta - \angle E + \theta = \beta - \arcsin\left(\frac{r_0}{r}\cos\beta\right) + \arcsin\left(\frac{r_0}{r}\right) \qquad (3\text{-}11)$$

望远镜中心指向与轨道面法向之间的夹角 R（地心偏转角）为

$$R = \theta - \delta = \theta - \beta + \angle E - \theta = -\beta + \angle E = \arcsin\left(\frac{r_0}{r}\cos\beta\right) - \beta \qquad (3\text{-}12)$$

根据式（3-12），即可计算地心偏转角 R，R 的数值如表 3-5 所示。

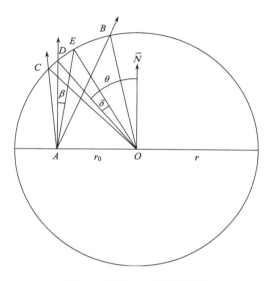

图 3-6　偏转一个 δ 角的情况

显然，当 $\beta = 0$ 时，就是垂直安装，此时，$R = \theta$；当 β 为正时，$R < \theta$；当 β 为负时，$R > \theta$。当然，随着平台的运动，还要绕 $\vec{N}$ 运动。即在 β 不等于 $0°$ 时，望远镜中心的运动轨迹，就是以 $\vec{N}$ 为圆心，R 为半径的一个圆，如图 3-5。这就是说，我们可以通过改变 β，来改变可见区域的扫描半径，这对研究地球同步带目标的全覆盖的探测方案非常有用。另外，我们可以看出：$R + \beta \approx \theta$，这对连接两个望远镜视场也非常有用。

3.3.3　赤道点定向方法的运动轨迹

赤道点定向的可见区域的中心，不再是 $\vec{N}$，而是赤道点，半径可近似为 R。即赤道点定向方法的望远镜中心的运动轨迹就是以赤道点为圆心，R 为半径的一个圆。与此类似，在对日定向方法中，中心就是反日点，只是轨迹不是严格的圆（详见第 5 章）。

表 3-5　不同 β 的地心偏转角 R（平台高度 800 km）（单位：（°））

$\beta/(°)$	目标高度/km			
	1 000	1 500	2 000	35 800
10	63.358	53.806	47.539	−0.352
8	66.456	56.459	50.042	1.702
6	69.367	58.979	52.438	3.744
4	72.054	61.357	54.725	5.775
2	74.483	63.587	56.898	7.793
0	76.629	65.664	58.956	9.799
−2	78.483	67.587	60.898	11.793
−4	80.054	69.357	62.725	13.775
−6	81.367	70.979	64.438	15.744
−8	82.456	72.459	66.042	17.702
−10	83.358	73.806	67.539	19.648

3.4　近地轨道目标的探测能力

3.4.1　目标距离、视运动角速度和露光时间

为了估计天基平台的探测能力，需要知道目标相对于平台的距离和视运动角速度，而且，我们必须在不知道目标轨道根数的情况下对距离和速度作出合理的估计。

如图 3-7，假定探测方向 S 点在视场中心线 SN 上，并假定目标的速度也在中心线平面内（如果不满足这两个假定，速度的估计值要小一些），S 点位置用 $\angle NAS \equiv x$ 来表达。于是，对于三种情况（图 3-8），目标距离 ρ（km）和视运动角速度 v（角秒/秒）可用下式计算：

$$\rho = r_0 \sin x + \sqrt{r^2 - r_0^2 \cos^2 x} \, , \qquad v = \sqrt{\mu\left(\frac{\cos^2 \varepsilon}{r} + \frac{1}{r_0}\right)\frac{1}{\rho}} \times 206\ 265 \quad （3\text{-}13）$$

式中，μ 为地球引力场常数，$\mu = 398\ 600\ \text{km}^3/\text{s}^2$，而

$$\cos \varepsilon = \frac{r^2 - r_0^2 + \rho^2}{2r\rho} \qquad （3\text{-}14）$$

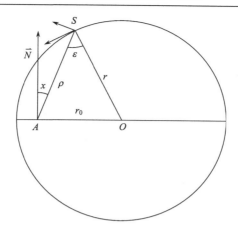

图 3-7　目标的距离和运动角速度

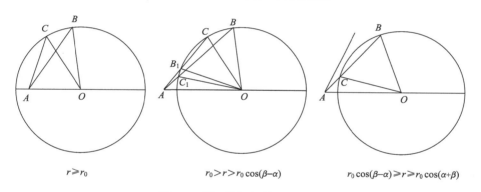

图 3-8　望远镜视场的三种情况

　　要说明的是，在 $r_0 > r$（后两种情况）时，AS 与圆有两个交点，上面计算的结果对应于距离较远的一个交点。

　　假定平台地面高度为 1 000 km，按式（3-13）计算，目标距离如表 3-6 所示，视运动角速度如表 3-7 所示。假定望远镜口径为 15 cm，焦距为 13.965 cm，视场约为 20°×20°，望远镜的能量集中度与 CCD 像元尺寸相同，均为 12 μm，则目标露光时间如表 3-8 所示。

　　显然，一次探测只能设置一个露光时间，为了能看到尽量暗的目标，设置较长的露光时间是合适的，从表 3-8 的数据看，对于近地目标，天基探测的露光时间设置为 250 ms 是比较合理的。

表 3-6　不同目标高度的目标距离

（平台地面高度 1 000 km）　　　　（单位：km）

$x/(°)$	目标高度/km											
	400	500	600	700	800	900	1 000	1 200	1 400	1 600	1 800	2 000
4.23	0	0	0	0	0	0	1 088	2 357	3 065	3 628	4 113	4 550
6.23	0	0	0	0	0	0	1 601	2 706	3 389	3 939	4 418	4 850
8.23	0	0	0	0	0	0	2 112	3 082	3 735	4 270	4 738	5 163
10.23	0	0	0	0	0	1 811	2 620	3 480	4 099	4 616	5 073	5 490
12.23	0	0	0	0	0	2 551	3 126	3 894	4 479	4 977	5 421	5 829
14.23	0	0	0	0	2 428	3 164	3 627	4 319	4 871	5 349	5 780	6 177
16.23	0	0	0	0	3 220	3 731	4 124	4 753	5 273	5 731	6 148	6 535
18.23	0	0	0	3 303	3 862	4 273	4 616	5 192	5 683	6 121	6 523	6 899
20.23	0	0	3 427	4 025	4 448	4 797	5 102	5 633	6 097	6 516	6 905	7 269
22.23	0	3 606	4 222	4 650	5 000	5 306	5 582	6 075	6 513	6 915	7 289	7 644
24.23	3 849	4 456	4 879	5 226	5 529	5 803	6 056	6 515	6 930	7 315	7 677	8 020

表 3-7　不同目标高度的视运动角速度

（平台地面高度 1 000 km）　　（单位：角秒/秒）

$x/(°)$	目标高度/km											
	400	500	600	700	800	900	1 000	1 200	1 400	1 600	1 800	2 000
4.23	0	0	0	0	0	0	1 396	660	518	445	398	365
6.23	0	0	0	0	0	0	952	577	470	411	372	343
8.23	0	0	0	0	0	0	725	508	428	380	347	323
10.23	0	0	0	0	0	838	587	452	391	353	326	304
12.23	0	0	0	0	0	599	495	406	360	329	306	288
14.23	0	0	0	0	626	487	430	369	333	308	288	273
16.23	0	0	0	0	477	416	381	337	309	289	272	259
18.23	0	0	0	463	401	367	344	311	289	272	258	247
20.23	0	0	446	385	352	330	314	289	272	257	246	235
22.23	0	423	366	337	317	302	290	271	256	244	234	225
24.23	396	347	322	304	290	279	270	255	243	233	224	216

表 3-8 不同高度目标的露光时间

（平台地面高度 1 000 km） （单位：ms）

$x/(°)$	目标高度/km											
	400	500	600	700	800	900	1 000	1 200	1 400	1 600	1 800	2 000
4.23	0	0	0	0	0	0	38	80	102	119	133	146
6.23	0	0	0	0	0	0	56	92	113	129	143	155
8.23	0	0	0	0	0	0	73	104	124	140	153	164
10.23	0	0	0	0	0	63	90	118	136	150	163	174
12.23	0	0	0	0	0	80	107	131	148	161	174	184
14.23	0	0	0	0	85	109	124	144	170	172	184	195
16.23	0	0	0	0	112	128	139	157	172	184	195	205
18.23	0	0	0	115	132	145	154	170	184	195	206	215
20.23	0	0	119	138	151	161	169	183	195	206	216	225
22.23	0	126	145	158	167	176	183	196	207	217	227	236
24.23	134	153	165	175	183	190	196	208	218	228	237	246

注：表 3-6，表 3-7，表 3-8 中，数据为 0 者表示 AS 与圆没有交点，目标不可见。

3.4.2 信噪比计算

给定望远镜口径 D（cm），焦距 F（cm），光学透过率 η，夜天光 sky（天基为 21.5 等），大气透过率 γ（天基为 1），能量集中度半径 R（μm），CCD 量子效率 Q_E，像元尺寸 L（μm），对于 M 星等的目标，信噪比的计算方法如下。

1）露光时间 t 的计算

空间目标在一个像元上的停留时间 t 为

$$t=(K+1)\times A/v \tag{3-15}$$

式中，$K=2R/L$，A 为每个像元的大小（角秒），$A=L/(F\times10\,000)\times206\,265$；$v$ 为目标运动角速度（角秒/秒），按式（3-13）计算。

2）望远镜接收的目标光子数

$$P_{\mathrm{obj}}=\frac{\pi}{4}\times D^2\times\eta\times\gamma\times3.4\times10^6\times2.512^{-M}\times t\times Q_E \tag{3-16}$$

3）一个像元的天光光子数

$$P_{sky} = \frac{\pi}{4} \times D^2 \times \eta \times \gamma \times 3.4 \times 10^6 \times 2.512^{-sky} \times t \times A^2 \times Q_E \qquad (3\text{-}17)$$

4）分光因子 β 的计算

根据能量集中度的定义，我们有

$$2\Phi(x)-1=0.8 \qquad (3\text{-}18)$$

这里，$x=R/\sigma$，函数 Φ 为正态概率积分。查表[4]可得 $x=1.28$，已知 R 后，就可计算得到 σ。则分光因子 β 就可按下式计算：

$$4\beta = 2\Phi(L/\sigma)-1 \qquad (3\text{-}19)$$

不难看出：在 L 小于 R 时，β 小于 0.2，L 越小，β 越小。这说明像元尺寸较小时，由于 β 较小，信噪比也较小，会影响探测能力，选择 L 与 R 相当是较好的选择。

5）信噪比

$$\frac{S}{N} = \frac{\beta P_{obj}}{\sqrt{\beta P_{obj} + P_{sky} + N_{dark} \times t + \delta_{readout}^2}} \qquad (3\text{-}20)$$

式中，N_{dark} 为 CCD 暗流（电子/（秒·像元））；$\delta_{readout}$ 为 CCD 的读出噪声（电子）。

3.4.3　探测星等

一个目标是否可以被探测到，可以根据信噪比来判断，一般认为信噪比大于 4 时，目标可以被探测到。

此外，由于天基探测没有大气消光，则探测星等＝探测视星等。

表 3-9 是天基望远镜探测星等的计算实例，计算时假定：望远镜口径为 15 cm，焦距为 13.965 cm，能量集中度为 12 μm，CCD 像元大小为 12 μm，量子效率为 58%，读出噪声为 5 电子，系统在信噪比大于 4 时，即可探测到目标。在计算信噪比时，目标距离和视运动角速度用式（3-13）计算，露光时间用式（3-15）计算。

与表 2-4 相比，相同望远镜的天基探测星等比地基探测星等高了 2~3 星等，说明天基探测具有很大的优越性。

表 3-9　望远镜天基探测星等

（平台高度 1 000 km，21.5 等天光，相位角 30°）

x/（°）	目标高度/km											
	400	500	600	700	800	900	1 000	1 200	1 400	1 600	1 800	2 000
4.23	0	0	0	0	0	0	11.9	12.6	12.9	13.0	13.1	13.2
6.23	0	0	0	0	0	0	12.3	12.8	13.0	13.1	13.2	13.2
8.23	0	0	0	0	0	0	12.6	12.9	13.0	13.1	13.2	13.3
10.23	0	0	0	0	0	12.4	12.8	13.0	13.1	13.2	13.3	13.3
12.23	0	0	0	0	0	12.7	12.9	13.1	13.2	13.3	13.3	13.4
14.23	0	0	0	0	12.7	12.9	13.0	13.2	13.3	13.3	13.4	13.4
16.23	0	0	0	0	12.9	13.1	13.1	13.2	13.3	13.4	13.4	13.5
18.23	0	0	0	13.0	13.1	13.2	13.2	13.3	13.4	13.4	13.5	13.5
20.23	0	0	13.0	13.1	13.2	13.3	13.3	13.4	13.4	13.5	13.5	13.5
22.23	0	13.1	13.2	13.2	13.3	13.3	13.4	13.4	13.5	13.5	13.6	13.6
24.23	13.1	13.2	13.3	13.3	13.4	13.4	13.4	13.5	13.5	13.6	13.6	13.6

3.4.4　探测目标的大小

目标星等可用下式计算：

$$m = 1.4 - 2.5\lg\gamma - 5\lg D + 5\lg\rho + \Delta m(\sigma) \tag{3-21}$$

式中，γ 为目标表面漫反射系数；D 为目标直径（cm）；ρ 为目标到观测站的斜距（km）；$\Delta m(\sigma)$ 为目标相位角 σ 的函数，相位角 σ 是太阳至目标和观测站至目标两连线间的夹角。$\Delta m(\sigma)$ 的计算公式如下：

$$\Delta m(\sigma) = -2.5\lg[\sin\sigma + (\pi - \sigma)\cos\sigma]$$

假定 $\gamma = 0.3$，$-2.5\lg\gamma = 1.31$，相位角为 30°，$\Delta m(\sigma) = -1.105$，则有

$$m = 1.4 + 1.31 - 5\lg D + 5\lg\rho - 1.105 = 1.61 - 5\lg D + 5\lg\rho \tag{3-22}$$

假定望远镜的探测星等为 m 等，则

$$D = 10^{\frac{-m+1.61}{5} + \lg\rho} = 10^{\frac{-m+1.61}{5}} \cdot \rho \tag{3-23}$$

假定平台高度为 1 000 km，则可探测目标的大小如表 3-10 所示。由于目标的表面漫反射系数 γ 不一定等于 0.3，因此，表 3-10 所列数据仅供参考。

表 3-10　望远镜天基探测目标大小

（平台高度 1 000 km，21.5 等天光，相位角 30°）　　（单位：cm）

x /（°）	目标高度/km											
	400	500	600	700	800	900	1 000	1 200	1 400	1 600	1 800	2 000
4.23	0	0	0	0	0	0	9.5	14.9	16.9	19.1	20.7	21.9
6.23	0	0	0	0	0	0	11.7	15.6	17.9	19.8	21.2	23.3
8.23	0	0	0	0	0	0	13.4	17.0	19.7	21.5	22.8	23.7
10.23	0	0	0	0	0	12.6	15.2	18.3	20.6	22.2	23.3	25.2
12.23	0	0	0	0	0	15.4	17.3	19.6	21.5	22.9	24.9	25.6
14.23	0	0	0	0	14.7	17.5	19.1	20.8	22.4	24.6	25.3	27.1
16.23	0	0	0	0	17.8	18.8	20.8	22.9	24.2	25.1	27.0	27.4
18.23	0	0	0	17.4	19.4	20.5	22.2	23.8	24.9	26.8	27.3	28.9
20.23	0	0	18.1	20.3	21.4	22.0	23.4	24.7	26.7	27.3	28.9	30.4
22.23	0	18.2	20.3	22.4	23.0	24.4	24.5	26.6	27.3	29.0	29.2	30.6
24.23	19.4	21.4	22.4	24.0	24.2	25.5	26.6	27.3	29.0	29.3	30.7	32.1

3.4.5　提高探测能力的方法

由表 3-10 可见，天基探测的望远镜能探测到的目标尺寸大约为 32 cm，对于更小目标的探测需要提高望远镜的探测能力。

提高望远镜的探测能力，最直接的方法是扩大望远镜口径，但是，望远镜口径扩大，将会增大望远镜的焦距，从而缩小望远镜的视场。而对于空间目标的天基探测，望远镜视场又是至关重要的，不宜缩小。

有一种方法，既可以提高探测能力，又不缩小视场：利用两个相同的望远镜来探测，将两个望远镜的图像叠加，这样，我们就保留了望远镜的视场，而探测信噪比也提高到原来的 $\sqrt{2}$ 倍。表 3-11 给出了两个 15 cm 望远镜叠加处理得到的探测目标的大小。

比较表 3-11 和表 3-10 可知，两个望远镜叠加，可将探测能力从 32 cm 提高到 25 cm。如果想继续提高探测能力，理论上望远镜个数还可增加，但这可能不是最好的办法。

表 3-11　两个望远镜探测目标大小

（平台高度 1 000 km，21.5 等天光，相位角 30°）　　（单位：cm）

x/（°）	目标高度/km											
	400	500	600	700	800	900	1 000	1 200	1 400	1 600	1 800	2 000
4.23	0	0	0	0	0	0	7.6	11.9	14.1	15.2	16.5	18.2
6.23	0	0	0	0	0	0	9.3	13.0	14.9	16.5	17.7	18.5
8.23	0	0	0	0	0	0	11.1	13.5	15.6	17.1	18.1	19.7
10.23	0	0	0	0	0	10.0	12.6	14.6	16.4	17.6	19.4	20.0
12.23	0	0	0	0	0	12.3	13.7	16.3	17.1	19.0	19.8	21.3
14.23	0	0	0	0	11.7	13.9	15.2	17.3	18.6	19.5	21.1	21.5
16.23	0	0	0	0	14.1	15.6	16.5	18.2	19.2	20.9	21.4	22.8
18.23	0	0	0	14.5	15.4	17.1	17.6	18.9	20.7	21.3	22.7	23.0
20.23	0	0	14.4	16.1	17.0	18.3	18.6	20.5	21.2	22.7	23.0	24.2
22.23	0	15.1	16.9	17.8	18.2	19.4	20.4	21.2	22.7	23.0	24.3	25.4
24.23	15.4	17.0	18.6	19.1	20.2	20.2	21.1	22.7	23.1	24.3	25.5	25.5

　　当然，扩大望远镜的口径并非没有余地，但这必定要增加望远镜的研制难度，CCD 面阵也需扩大。天基探测望远镜的口径与探测能力的设计需要合理的折中，也许，两个 15 cm 望远镜，20°×20° 的视场，25 cm 近地空间碎片的探测能力，是一种比较合理的选择。

3.5　地球同步轨道目标的探测能力

　　我们计算了 15 cm 望远镜，视场约为 20°×20°，采用 12 μm，4 k×4 k 的 CMOS CCD，量子效率为 58%，像元为 17.7″，能量集中度为 12 μm，假定平台高度为 800 km，则对 GEO 目标的探测能力如表 3-12 所示。

　　从表 3-12 可知，由于目标很高，目标距离、视运动角速度和露光时间均变化不大，这时天基探测的露光时间比较容易设置，设为 1.3 s 即可，探测星等可达 14.8 等，可以探测到尺寸在 1 m 左右的目标。

　　由此可见，对于 GEO 目标，使用上面的 15 cm 望远镜和 CMOS CCD 是比较合适的。由于现在在轨的 GEO 目标尺寸较大，使用单个望远镜，探测能力已经足够，所以不需要两个望远镜叠加。

表 3-12　GEO 目标的探测情况

$x/(°)$	星等	目标尺寸/cm	距离/km	视运动角速度/（角秒/秒）	露光时间/ms
−20	14.80	90.17	39 180.22	42.36	1 255
−15	14.80	91.47	39 746.50	41.75	1 273
−10	14.80	92.83	40 335.05	41.14	1 292
−5	14.80	94.23	40 941.93	40.53	1 312
0	14.80	95.65	41 562.84	39.92	1 331
5	14.80	97.11	42 193.16	39.32	1 352
10	14.80	98.57	42 828.00	38.74	1 372
15	14.90	95.52	43 462.18	38.18	1 392
20	14.90	96.90	44 090.35	37.64	1 412

3.6　空间目标探测情况的模拟计算

对于天基探测，探测情况的模拟计算特别重要，通过模拟计算可以验证探测方案的可行性，同时可以比较各种方案的优缺点。

3.6.1　天基探测的可见判别条件

假定平台的地心向量为 $\vec{r}_0$，空间目标的地心向量为 $\vec{r}$，目标方向为 $\vec{r} - \vec{r}_0$，判别望远镜是否在视场内的关键是：求出望远镜以及 CCD 两边的方向。

望远镜方向当然可以用坐标变换方法求得，例如，对于对地定向平台，望远镜安装在平台左侧，望远镜中心方向目标的位置（图 3-9）为

$$\vec{R}' = \begin{pmatrix} X' \\ Y' \\ Z' \end{pmatrix} = R_1(-\beta) \cdot R_3(u - 90°) \cdot R_1(i_0) \cdot R_3(\Omega)(\vec{r} - \vec{r}_0) \qquad (3\text{-}24)$$

式中，$\vec{r}_0$ 和 $\vec{r}$ 为平台和目标在轨道坐标系中的位置向量，可用平台和目标的轨道根数计算，$R_1(\theta), R_3(\theta)$ 为绕 X 轴和 Z 轴的旋转矩阵，即

$$R_1(\theta) = \begin{pmatrix} 1 & 0 & 0 \\ 0 & \cos\theta & \sin\theta \\ 0 & -\sin\theta & \cos\theta \end{pmatrix}, \quad R_3(\theta) = \begin{pmatrix} \cos\theta & \sin\theta & 0 \\ -\sin\theta & \cos\theta & 0 \\ 0 & 0 & 1 \end{pmatrix}$$

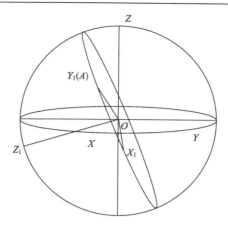

图 3-9　坐标变换（望远镜安装在左侧）

假定望远镜的 CCD 视场为 L 度×M 度，则目标可见的条件为

$$\arctan\frac{\mathrm{abs}(X')}{Z'} < M \qquad （3-25）$$

以及

$$\arctan\frac{\mathrm{abs}(Y')}{Z'} < L \qquad （3-26）$$

下面介绍一种更加直观的方法。

对于对地定向平台，望远镜指向均与轨道面法向 $\vec{N}$ 有关，从图 3-2 可知，望远镜中心方向（Z 轴），就是 $\vec{N}$ 向平台地心向量 $\vec{r_0}$ 偏转 $-\beta$ 角。

不难证明，在同一坐标系中，一个单位向量 $\vec{A}$ 向着另一个单位向量 $\vec{B}$ 偏转一个角 β 形成的单位向量 $\vec{C}$，有一种简单的算法，即：

$$\vec{C} = \frac{\sin(\alpha - \beta)}{\sin\alpha}\vec{C} + \frac{\sin\beta}{\sin\alpha}\vec{B} \qquad （3-27）$$

式中，α 为 $\vec{A}$ 和 $\vec{B}$ 之间的夹角。

利用这种计算方法，望远镜的中心指向的计算，就是在式（3-27）中，$\vec{A}$ 用 $\vec{N}$，$\vec{B}$ 用 $\dfrac{\vec{r_0}}{r_0}$，β 用 $-\beta$ 代入即可，当然 $\dfrac{\vec{r_0}}{r_0}$ 需用轨道根数计算，计算结果 $\vec{C}$ 就是 Z 轴的单位向量 $\vec{k}$。

Y 轴方向的单位向量为 $\vec{j} = \dfrac{\dfrac{\vec{r_0}}{r_0} \times \vec{k}}{\left|\dfrac{\vec{r_0}}{r_0} \times \vec{k}\right|}$，$X$ 轴方向的单位向量为 $\vec{i} = \vec{j} \times \vec{k}$。

$\vec{r} - \vec{r_0}$ 在 $\vec{i}, \vec{j}, \vec{k}$ 方向的投影就是式（3-24）中 $\vec{R}'$ 的坐标 X', Y', Z'，判断目标是否在视场内的判别式仍是式（3-25）和式（3-26）。

不同平台望远镜的算法是类似的，只是 $\vec{A}$，$\vec{B}$ 和 β 不同，不同平台的 $\vec{A}$，$\vec{B}$ 和 β 的表达式如表 3-13。

表 3-13   不同平台的 $\vec{A}$，$\vec{B}$ 和 β 表达式

平台	探测目标	$\vec{A}$	$\vec{B}$	β
对地定向	GEO, LEO	轨道面法向 $\vec{N}$	$\vec{r_0} / r_0$	$-\beta$
限位对日定向	LEO	反日方向 $\vec{R}$	$\vec{r_0} / r_0$	安装角 θ
赤道点定向	GEO, LEO	赤道点方向 $\vec{E}$	$\vec{r_0} / r_0$	$\beta(L/2)$
准惯性定向	GEO	赤道点方向 $\vec{E}$	—	0

其中，

$$\vec{N} = \begin{pmatrix} \sin\Omega\sin i_0 \\ -\cos\Omega\sin i_0 \\ \cos i_0 \end{pmatrix}, \quad \vec{R} = \begin{pmatrix} \cos\delta_\odot\cos\alpha_\odot \\ \cos\delta_\odot\sin\alpha_\odot \\ \sin\delta_\odot \end{pmatrix}, \vec{E} = \begin{pmatrix} \cos\alpha_\odot \\ \sin\alpha_\odot \\ 0 \end{pmatrix} \quad （3-28）$$

式中，i_0 为平台的轨道倾角；Ω 为平台的升交点经度；$\alpha_\odot, \delta_\odot$ 分别为反日点赤经和赤纬；$\beta(L/2)$ 为地心偏转角 $R = L/2$ 的 β 角，由式（3-12）计算得到（表 3-5），如 $L = 25°$，对于地球同步轨道目标，$\beta(L/2)$ 约为 $-2.841\,6°$。

如果平台轨道的过降交点地方时为 T，$\alpha_\odot, \delta_\odot$（反日点赤经和赤纬）可按式（3-29）计算：

$$\alpha_\odot = \Omega - 90° + T - 18^h$$
$$\delta_\odot = \arctan(\tan\varepsilon\sin\alpha_\odot) \quad （3-29）$$

式中，ε 为黄赤交角。

另外，空间目标的可见条件，除了空间目标在望远镜视场内之外，还有目标不在地影之中。目标不在地影中的判别式为

$$r^2\sin^2\psi \geqslant r_{地影}^2 \quad （3-30）$$

式中，ψ 是目标向量 $\vec{r}$ 与太阳方向的夹角；$r_{地影}$ 为地影圆柱的底面半径，取值 6 402 km。

最后，我们还要判别目标是否足够亮，可以被望远镜看到。望远镜的天基探测星等 m，可按 3.4 节计算；可探测目标的直径 D，可按式（3-23）计算，即

$$D = 10^{\frac{-m+1.61}{5}} \cdot \rho$$

式中，目标距离 ρ 用 $|r - r_0|$ 计算。如果

$$D \leqslant \frac{2}{\sqrt{\pi}} \sqrt{RCS} \tag{3-31}$$

则目标可见。式中，RCS 为该空间目标的雷达散射面积。

综上所述，判别目标是否可见有四个条件，即式（3-25）、式（3-26）、式（3-30）、式（3-31）四个判别式。不满足任意一个，即可判别目标不可见。

3.6.2　天基探测的可行性指标

一般模拟计算均需选择一个目标样本集，对于一种探测方案，计算空间目标的探测情况，就是根据 3.6.1 节判别目标是否可见，继而统计探测弧长，累计可探测目标的数量，得到探测目标数 N、某一时段的每个目标的探测次数 M、平均探测弧长 L 以及估计探测精度 σ。用优劣指标

$$k = \frac{N \times M \times L}{\sigma^2} \tag{3-32}$$

来比较各种方案的优劣，k 越大越好。指标 k 中，实际包括了探测目标数 N 和测轨精度两个指标，因为一般测轨精度可用单位权方差 $\dfrac{\sigma^2}{M \times L}$ 来估计。当然，这两个指标也可以分开来评估。

天基探测方案的优劣，当然不能只考虑优劣指标 k，还要比较方案的其他可行性，包括：

（1）系统研制可行性，包括望远镜的重量，研制难易程度，CCD 购置难易程度。

（2）对平台的要求，包括望远镜安装方式，是否有运动部件，对平台的姿态控制、功率和通信能力的需求等。

我们一般要求望远镜重量较轻，望远镜固定安装在平台侧面，没有运动部件，不要求平台对于具体目标探测进行姿态控制，图像由星载计算机处理，得到探测数据（探测时间、赤经、赤纬和目标星等）后，再下传到地面。

对于工程实现，这些可行性指标也许比优劣指标 k 更重要。

第4章 地球同步轨道目标的天基探测

地球同步带目标，是最受大家重视的天基探测目标，也是迄今为止唯一实施天基探测的领域。

1996 年，美国成功发射了 MSX（midcourse space experiment）卫星，它携带的天基可见光（SBV）探测器[5-7]，对 GEO 目标进行成功探测之后，地球同步带目标的天基探测就成为天基探测的热点。究其原因，大致有：

（1）GEO 目标编目需要天基探测，一个国家局部网的地基探测由于受地理经度范围的限制，不能完成全部 GEO 的编目。

（2）GEO 目标运动较慢，与传统天文探测相差不大，容易实现高精度的天基探测。

（3）GEO 目标的天基探测如果成功，比较容易扩展到近地小行星的探测领域，具有多重研究价值。

SBV 探测器的基本指标为：平台地面高度为 898 km，15 cm 离轴三反式望远镜，焦距为 45 cm，设计光谱范围为 300~900 nm，用 4 个 420×422、27 μm 的 CCD，视场为 6.6°×1.4°，探测星等为 14.5 等，探测精度约为 4″（经过处理后可以达到 2″），每天工作 8 小时。通过姿态控制，对 GEO 目标密集区的扫描观测每天可以观察到 400 个 GEO 目标。2000 年，SBV 的观测结果正式纳入美国空间监视网（SSN）工作，对 GEO 目标的编目作出了很大的贡献。

对此，首先作出反应的是加拿大和美国。

加拿大利用 MOST（microvariability and oscillations of stars）卫星[8]进行 GPS 探测之后，掌握了一些天基探测技术，提出 Sapphire（"蓝宝石"）[2,9]卫星计划和 NEOSSat（近地轨道监视卫星）[10,11]计划。2013 年，发射了这两颗卫星，其平台仍采用明暗界线太阳同步轨道，轨道高度为 786 km。

Sapphire 卫星的探测器也是 15 cm 离轴三反式望远镜，1.4°×1.4° 的视场，探测星等为 15 等，相当于 0.9 m 的 GEO 目标。

NEOSSat 探测器的视场要小一些，为 0.85°×0.85°，如果露光时间为 100 s，可以探测 19.5 等的近地天体，探测的 GEO 目标约为 13.5 等。

2010 年，美国提出了雄心勃勃的 SBSS（space-based surveillance system）计划[12, 13]，平台高度降为 630 km，每天工作 24 小时，探测目标包括 LEO 目标、GEO 目标和近地小行星；采用 30 cm 离轴三反式望远镜，CCD 像元数为 $2.4×10^6$，望远镜有二维转台，其他指标不详。发射 2 颗后，计划可能停了下来，估计是探测器还需进一步改进。

欧洲航天局（ESA）从 2007 年开始了 SBO（天基光学）卫星[14,15]的研究，计划中的卫星指标为：20 cm 折轴施密特望远镜，F/2.05，视场为 6°，2 k×2 k，18 μm 的 CCD，可探测 16 等 GEO 目标，探测精度估计为 3.5″。

以上这些卫星计划的平台均采用明暗界线太阳同步轨道。

除此以外，2013 年，美国还提出了 CubeSat（立方体卫星）[16,17]计划，计划利用 27 个卫星，安置在 GEO 目标轨道上方 500 km 的轨道上，组网对 GEO 目标进行探测，望远镜口径为 5 cm，视场为 30°，由于要避开太阳，平台需要通过调姿探测。

从以上国外的研究情况看，天基探测平台轨道是以明暗界线太阳同步轨道为主的。也许他们在追求探测数据的高精度，也许是受 SBV 探测器的影响，他们采用的望远镜视场均比较小（CubeSat 除外），这就引起了对 GEO 目标的探测不能全覆盖、探测数据较少、探测弧长较短等问题。也许，他们定轨不需要全依靠天基探测的数据（与地面探测联合定轨），对定轨精度的降低没有明显感觉。但是，如果有些目标（不在地面探测范围内的目标）必须完全依靠天基探测数据定轨，望远镜视场小就会严重影响定轨精度，天基探测 GEO 目标的独立编目就很难完成。

下面，我们将从探测全覆盖角度来探讨 GEO 目标天基探测的问题，并比较国内外几种探测方案的优缺点。

4.1　地球同步轨道目标探测的需求分析

4.1.1　地球同步轨道目标的倾角分布

地球同步卫星，是在赤道上空 35 800 km 处的空间目标，严格说来，它的倾角应为 0°，这样它就是在赤道上空不动的卫星。由于有些发射的地球同步卫星倾角不是 0°；有些卫星失效后，受地球引力场和日月摄动的影响，其倾角发生变化，使得现在的赤道上空形成了一个倾角分布较广的地球同步目标带。地球同步带目标的倾角分布如表 4-1 所示。

从表 4-1 可知，地球同步带目标的倾角已不能认为全是 0°，大于 10°的目标几乎占了一半。

表 4-1　地球同步带目标的倾角分布

倾角/(°)	0~1	1~2	2~5	5~10	10~15	15~16	16~17	17~20
目标数	326	47	98	152	408	99	19	9

4.1.2　地球同步轨道目标的空间位置分布

由于地球同步带目标的倾角不是 0°，目标位置就有一个空间分布，如图 4-1 所示。

图 4-1　地球同步带目标的空间分布

从图 4-1 可知，地球同步带目标的空间位置，虽然没有占满 $\pm i_{max}$（最大倾角）之间的所有区域，但地球同步带目标的纬度的最大值与最小值，就是 $\pm i_{max}$。而且空间目标的纬度变化很快，因此，我们讨论 GEO 探测时，就需要考虑在 $\pm i_{max}$ 之间区域的所有目标。

下面我们研究方案时，假定目标的最大倾角为 17°（占目标总数的 99.1%）。这不是说倾角大于 17° 的目标就看不到，而是只要倾角小于 17° 的目标均看到了，我们就认为已经探测到了所有的 GEO 目标，实现了地球同步带目标的全覆盖。

4.1.3　地球同步轨道目标探测需要大视场

1）小视场探测不能满足要求

我们计算了视场为 2°×2° 的望远镜探测 GEO 目标的覆盖情况（表4-2）。由表 4-2 可知，目标覆盖率很低，探测 5 天其没有覆盖的目标还有 37.07%，平均弧长也只有 112 秒。许多目标看不到，定轨精度不能保证，编目更无从谈起，显然，这不能满足要求。

表 4-2　2°×2° 视场 GEO 目标的可见百分比

探测次数	探测天数			
	5 天	3 天	2 天	1 天
1	28.39%	58.52%	38.33%	19.72%
2	34.38%	0.16%	—	—
3	0.16%	—	—	—
不可见	37.07%	41.32%	61.67%	80.28%

2）地球同步带目标的望远镜视场需求

对于对地定向方法，假定望远镜视场为 L 度×M 度（$L \geqslant M$），调整安装方向，使得 CCD 长边的一端放在扫描中心 N 处（图4-2），不难看出，能对 ±17°GEO 目标全覆盖的必要条件为：

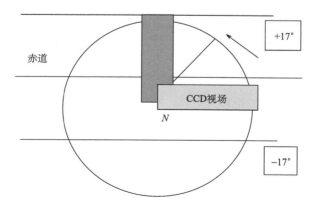

图 4-2　望远镜可见区域的扫描

（1）望远镜 CCD 视场 $L \geqslant 17° + i_0 - 90° \approx 25°$。

（2）为了克服地球自转，扫描经度范围要足够大，即 $2L \geqslant 0.25 \times P$（$P$ 为以分为单位的平台周期）。如果希望每天每个目标能被探测到 2 次，则扫描经度范围要大于 50°（对应于平台周期 100 分钟），即需要 $2L \geqslant 50°$。

显然，对于赤道点定向平台，此结论也成立。

由此可见，如果望远镜的 CCD 视场的长边 $L \geqslant 25°$，在不考虑地影的情况下，我们有可能做到：

（1）对倾角小于 17° 的 GEO 目标的全覆盖。

（2）每天对每个 GEO 目标探测 2 次。

但是，我们应该记住：$L \geqslant 25°$ 只是必要条件，充分条件应该是在 ±17° 之间的所有区域均被扫到，不难计算，这时必须 $L \geqslant 30°$。

要满足 $L \geqslant 25°$ 的要求，望远镜光学视场就要达到 $25° \times \sqrt{2} = 35.4°$。现在，一般的光学设计是不可能达到的，更不要说 $L \geqslant 30°$ 了。下面，我们首先讨论 $L \geqslant 25°$（必要条件）的情况，列举几种望远镜设计方案。

4.2　几种可用的望远镜设计

4.2.1　离轴三反式望远镜

离轴三反式望远镜有一种特殊的光学系统，它的光学视场可以是长方形的，当然，此时 CCD 也需要是长方形的。美国 SBV 探测器就采用这种光学系统。中国科学院长春光学精密机械与物理研究所采用 CMOS CCD（其主要参数为 30 k×5 k，单个像元尺寸为 5.5 μm，靶面尺寸为 165 mm×27.5 mm），设计了 15 cm 的离轴三反式望远镜，图 4-3 为其光学系统结构图，M1、M3 均为离轴矩形反射镜，M2 为同轴圆形反射镜，表 4-3 为各反射面的面形参数。

其设计指标为：

（1）通光口径，15 cm。

（2）焦距，38.5 cm。

（3）相对孔径，1/2.566 7。

（4）视场，25°×4°。

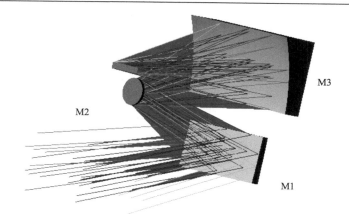

图 4-3　离轴三反式望远镜的光学系统结构

（5）设计波段，400 ~ 1 000 nm。

（6）有效成像面积，165 mm×27.5 mm。

（7）像元分辨率，2.85″。

表 4-3　离轴三反式望远镜的各反射面的面形参数

光学元件	曲率半径/mm	非球面系数	间隔/mm	口径/mm
M1（凹）	−7 000	K = 10 6 次非球面系数 B = −3.753 e−017 8 次非球面系数 C=2.478 e−022 10 次非球面系数 D = −6.412e−028	−589.448	480×215 离轴量 195.5
M2（凸）	−836.224	K = 4.8474	669.448	125
M3（凹）	−916.982	K = 0.1663 6 次非球面系数 B = −1.1854e−017 8 次非球面系数 C= 2.3994e−023 10 次非球面系数 D = −8.0205e−029	759.45	630×345 离轴量 206.32

　　系统能量集中度曲线如图 4-4 所示，全视场范围内 80%能量集中在直径小于 11 μm 的圆内（小于 2×2 像元）。

　　系统点列图如图 4-5 所示，图中方框表示像元尺寸，圆圈表示光学系统衍射极限，可以看出系统已达到衍射极限的成像质量。

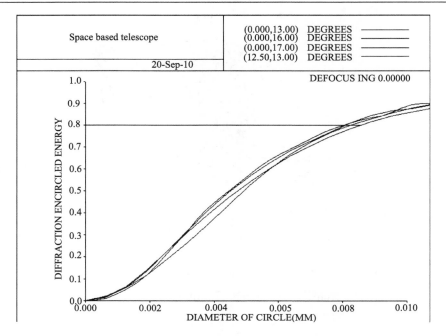

图 4-4　离轴三反式望远镜的能量集中度

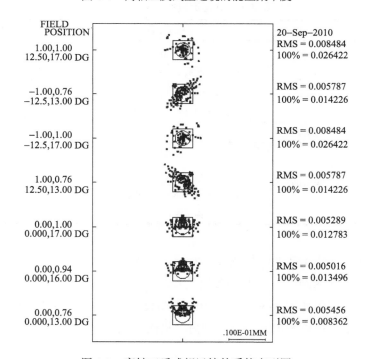

图 4-5　离轴三反式望远镜的系统点列图

4.2.2　12.5°×12.5° 全球面折射望远镜

12.5°×12.5° 全球面折射望远镜的设计指标为：

（1）口径，15 cm。

（2）焦距，22 cm。

（3）视场，12.5°×12.5°。

（4）靶面，49.152 mm×49.152 mm。

（5）CCD 参数，6 144×6 144，8 μm×8 μm。

（6）光谱范围，500~850 nm。

（7）像元分辨率，7.32″。

（8）玻璃总重，12 kg。

望远镜系统图如图 4-6 所示，设计的点列图如图 4-7 所示，能量集中度如图 4-8 所示。从图 4-8 可见，能量集中度已达到 7 μm，可以使用 8 μm 的 CCD。系统的测量精度按 1/3 像元估计，约为 2.44″。

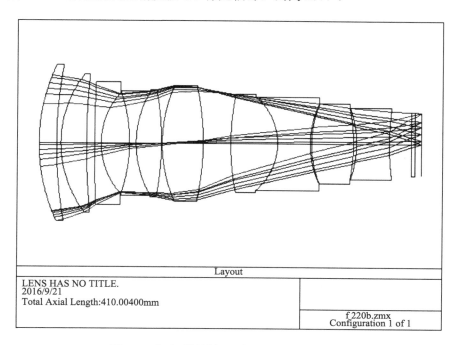

Layout	
LENS HAS NO TITLE. 2016/9/21 Total Axial Length:410.00400mm	f 220b.zmx Configuration 1 of 1

图 4-6　全球面折射望远镜 10 片系统的结构图

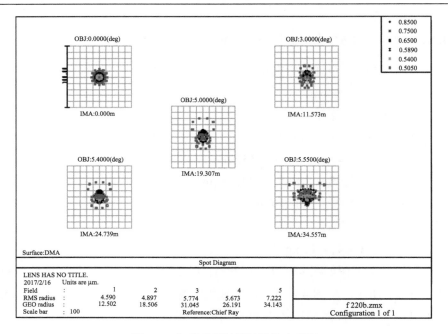

图 4-7　全球面折射望远镜的点列图

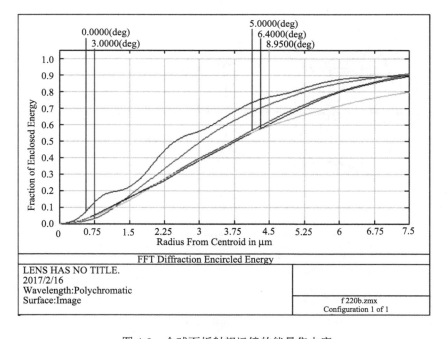

图 4-8　全球面折射望远镜的能量集中度

利用两个望远镜拼接视场，即可得到 25°×12.5° 的组合视场（图 4-2）。

4.2.3 20°×20°非球面折射望远镜

11 片非球面折射望远镜的设计指标为：

（1）口径，15 cm。

（2）焦距，14.3 cm。

（3）视场，20°×20°。

（4）靶面，49.152 mm×49.152 mm。

（5）CCD 参数，4 096×4 096，12 μm×12 μm。

（6）光谱范围，500~800 nm。

（7）像元分辨率，17.58″。

（8）机械后截距，>22 mm。

（9）非球面在最后一面上，口径大约 90 mm。

（10）玻璃总重，16 kg。

该望远镜系统图如图 4-9 所示，设计的点列图如图 4-10 所示，能量集中度如图 4-11 所示。从图 4-11 可见，能量集中度已达到 12 μm，可以使用 12 μm 的 CCD。系统的测量精度按 1/3 像元估计，约为 5.86″。

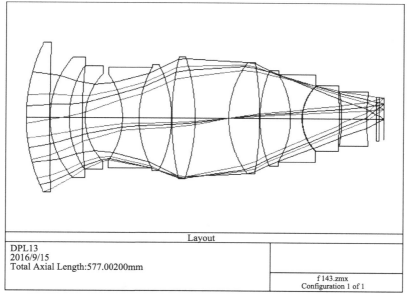

图 4-9　非球面折射望远镜的系统结构图

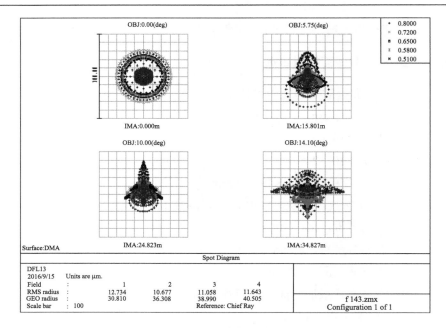

图 4-10　非球面折射望远镜的点列图

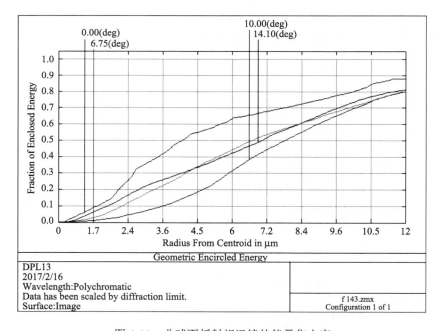

图 4-11　非球面折射望远镜的能量集中度

需要说明的是：如果我们换一种参数为 5 120×2 663、12 μm×12 μm 的 CCD，该光学系统还可得到 25°×13° 的视场，探测精度仍为 5.86″。

4.3　对地（对日、赤道点）定向方法

4.3.1　三种望远镜方案

4.1.3 节我们已经说明：对于对地（对日、赤道点）定向平台，如果希望能对倾角小于 17°的 GEO 目标进行全覆盖探测，并能得到每个目标每天 2 次被探测到的必要条件是：视场 L 度×M 度（$L>M$）的长边 L 需要大于 25°。利用 4.2 节的三种望远镜设计方案，均能得到满足要求的望远镜视场。

方案 1：离轴三反式望远镜，望远镜视场为 25°×4°。

方案 2：12.5°×12.5° 全球面折射望远镜，利用两个望远镜拼接，可以得到 25°×12.5° 的视场。

方案 3：非球面折射望远镜，利用 5 120×2 663、12 μm×12 μm 的 CCD，就可以得到 25°×13° 的视场。

表 4-4 给出三种望远镜的比较，供大家在选择望远镜方案时参考。

表 4-4　三种望远镜的比较

项目	方案 1	方案 2	方案 3
望远镜研制难度	难	技术成熟	较难
所需望远镜个数	1	2	1
焦距/cm	38.5	22	14.3
光谱范围/nm	400~1 000	500~850	500~800
能量集中度/μm	5.5	7	12
玻璃总重量/kg	与材料有关	12	16
CCD 视场/（°）	25×4	25×12.5	25×13
CCD	30 k×5 k，5.5 μm	6 k×6 k，8 μm	5 k×2.66 k，12 μm
靶面/mm	165×27.5	49.152×49.152	61.44×31.96
CCD 价格	贵，但有一个现货	较便宜，容易得到	需研制，不会太贵
探测弧长比较	4	12.5	13
探测精度/（″）	1	2.44	5.86
定轨精度因子	0.5	0.69	1.63

表 4-4 中，定轨精度因子为 $\sigma/\sqrt{n}$，其中，σ 为探测精度，n 为探测资料数（用弧长代替）。从表 4-4 可知，单从定轨精度看，方案 1 优于方案 2，方案 2 优于方案 3。

4.3.2 提高精度的方法

1）扩大 CCD 靶面

方案 1 占优的原因主要是靶面较大、焦距较长。因此，要改进方案 2 的定轨精度，需要扩大 CCD 的靶面。

将方案 2 换成 9 k×9 k，8 μm×8 μm 的 CCD，同时焦距也扩大 1.5 倍，视场和能量集中度不变，探测精度则提高 1.5 倍（1.63″）。

当然这有个前提，即扩大靶面后，视场和能量集中度均不变。幸运的是这是可以做到的，在一般情况下，扩大靶面后，能量集中度不仅不会降低，还会略有提高。例如，方案 2 在扩大靶面的情况下，得到能量集中度的结果如图 4-12 所示。

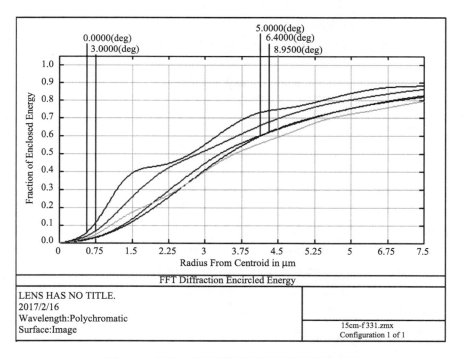

图 4-12　方案 2 扩大靶面的情况下的能量集中度

没有改进前的方案 2 的定轨精度因子为 0.69，改进后则为 0.46，已优于方案 1（定轨精度因子为 0.5）。

2）使用像元较小的 CCD

大家都知道，像元越小，探测精度越高。因此，像元尺寸缩小，探测精度就可提高。但是，像元小了，如果能量集中度不变，探测能力就要降低。不过，对于 GEO 探测来说，适当减小像元大小，探测能力的降低是可以接受的。

对于第 3 章的例子，15 cm 望远镜，视场约为 20°×20°，能量集中度为 12 μm，采用 12 μm、4 k×4 k 的 CMOS CCD，量子效率为 58%，像元为 17.7″，假定平台高度为 800 km，望远镜对 GEO 目标的探测情况如表 3-12 所示。如果采用 8 μm 的 CCD，探测情况如表 4-5 所示，与表 3-12 相比，探测星等最多只差 0.1 星等，探测目标大小也只差 5 cm。因此，可以认为这个结果是可以接受的。但是，探测精度却提高了 1.5 倍，效果是非常明显的。

表 4-5　GEO 目标的探测情况（使用 8 μm 的 CCD）

x/（°）	星等	目标尺寸/cm	距离/km	角速度/（角秒/秒）	露光时间/ms
−20	14.70	94.42	39 180.22	42.36	1 115
−15	14.70	95.79	39 746.50	41.75	1 132
−10	14.80	92.83	40 335.05	41.14	1 148
−5	14.80	94.23	40 941.93	40.53	1 166
0	14.80	95.65	41 562.84	39.92	1 183
5	14.80	97.11	42 193.16	39.32	1 201
10	14.80	98.57	42 828.00	38.74	1 219
15	14.80	100.03	43 462.18	38.18	1 237
20	14.80	101.47	44 090.35	37.64	1 255

4.4　准惯性定向方法

4.4.1　准惯性定向方法概要

对地定向方法利用长方形的视场，长边绕中心扫描，得到较大的扫描面积，使可见区域较大，提高了目标的覆盖率。该方案对视场短边长度没有严格的要求。但是，由于绕行中心不是目标出现区域的中心（图4-2），要求边长较长。

为了克服这一缺点，我们可以采用准惯性定向方法。此时，望远镜指向赤道（图4-13），在平台公转时，可见区域的旋转中心就在赤道上。

如图4-13所示，大圆弧 $\overset{\frown}{LFCG}$ 为轨道，$\vec{N}$ 为轨道面法向，OE 为望远镜指向，E 在赤道面上，A 为平台位置，AB 平行于 OE，F 为升交点，OA 延长交天球于 C，$FC=u$，$\angle CFD = i_0 - 90°$，令弧 $\overset{\frown}{CD}=\sigma$，则望远镜中心探测到的目标的地心向量为 $\overrightarrow{OB}$，与旋转中心 E 的角距 θ'（地心偏转角）为

$$\theta'=\angle EOB = \arcsin\left(\frac{r_0 \cos\sigma}{r}\right)$$

式中，$\sigma = \arcsin[\sin u \sin(i_0 - 90°)]$。

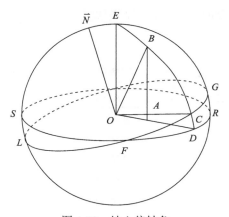

图 4-13　地心偏转角

于是，这时的地心偏转角就与 u 有关，平台在轨道上的位置不同，地心偏转角也不同。但是，由于 $\cos\sigma > 0.99$，因此，可以近似认为

$$\theta'=\arcsin\left(\frac{r_0}{r}\right)$$

假定平台高度为 800 km，则 θ'=9.80°。平台转一圈，望远镜视场也绕 E 转一圈，即我们可近似认为可见区域在以点 E 为圆心、θ' 为半径的圆上运动。

与对地定向方法不同，这时 CCD 的方向（望远镜视场边界）不随平台公转旋转（图4-14）。

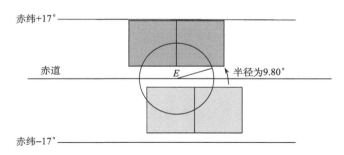

图 4-14　望远镜视场旋转示意图

不难理解，这时要使目标全覆盖还需满足的一个必要条件为 $\dfrac{M}{2} \geqslant \theta'$。也就是说，视场短边需要大于 19.6°。因此，单个望远镜视场以 20°×20°为宜，探测器可采用 4 k×4 k、12 μm 的 CCD。

4.4.2　准惯性定向方法的初步评估

两个望远镜的组合视场已经达到 40°×20°，可以实现对倾角小于 20°的目标全覆盖，而且探测弧长较长是该方法的主要优点。

准惯性定向方法的另一个优点是：望远镜视场内的恒星几乎没有移动，在整个探测过程中，只涉及赤道附近的恒星，计算恒星在 CCD 上的位置非常方便，有利于图像处理，可以得到较高的探测精度。

但是，该方法也有缺点：

（1）对视场的要求过高，需要大于 20°×20°。

（2）该方法只适用于垂直安装，不利于双视场方案发挥效能。

要特别指出的是：准惯性定向方法需要研制 $20\sqrt{2}$ °视场的光学望远镜，传统的全球面设计已经不可能实现，需要采用非球面技术（4.2.3 节），研制有一定风险。由于视场增大，探测精度也会相应降低，即使望远镜的能量集中度能达到 12 μm，探测精度也会降到 5.86″。

判别目标是否在望远镜视场内，准惯性定向方法的望远镜指向计算方法比较简单。

根据定义，Z 轴、Y 轴和 X 轴的单位向量为

$$\vec{k} = \begin{pmatrix} \sin\Omega \\ \cos\Omega \\ 0 \end{pmatrix}, \quad \vec{j} = \begin{pmatrix} 0 \\ 0 \\ 1 \end{pmatrix}, \quad \vec{i} = \vec{j} \times \vec{k}。$$

4.5　避开地影的方法

前面，我们研究探测方案时没有考虑地影。但是，尽管 GEO 目标的轨道很高，也是有地影的，地影区的半径为 8.7°，会影响目标的可见情况。图 4-15 给出对地定向方法的可见区域的情况。可见区域为图 4-15 中以轨道面法向为圆心，以视场长边 L 为半径的圆。真正有效的可见区域应该是该圆与±17°纬圈所围成面积的交集，还要除去地影区域的面积，而且不同季节的地影位置是不同的。

对于对日定向和赤道点定向方法也有类似的结论，只是扫描中心变成反日点和赤道点而已。

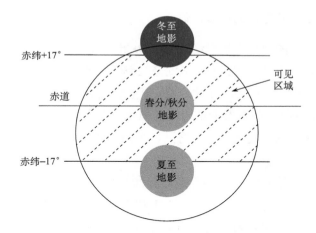

图 4-15　对地定向方法的可见区域与地影

最简单的避开地影的方法是改变平台的过降交点地方时。

对于过降交点地方时为 18 时的平台轨道，地影区的中心与轨道面法向的赤经是相同的，不管采用什么方法，在可见区域中总是会有地影（图 4-15）。

如果将过降交点地方时改为 20 时 15 分，我们就可以完全避开地影（图 4-16），当然，目标的相位角会差一点。

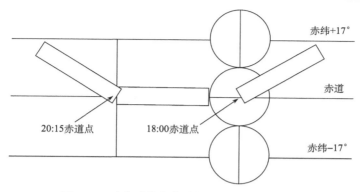

图 4-16　改变过降交点时刻避开地影的示意图

表 4-6 给出避开地影方法和没有避开地影方法的模拟比较结果。由表可知，20 时 15 分过降交点方法的弧长长了许多，比 18 时对地定向（没有避开地影）的效果好得多。不难理解，15 时 45 分过降交点的轨道与 20 时 15 分过降交点轨道有相同的效果。如果在这两种轨道上均布设平台联合探测，将可以延长探测弧长，提高目标的定轨精度。

表 4-6　避开地影的五天模拟计算结果（25°×12.5°）

探测目标数	20^h15^m 赤道点定向			18^h00^m 对地定向		
	春分	夏至	冬至	春分	夏至	冬至
≤4	4	0	0	1	0	46
5	2	8	0	6	3	94
6	15	21	0	27	23	114
7	107	198	0	183	81	82
8	178	310	1	414	134	90
9	84	136	5	309	107	65
10	69	72	166	135	98	115
11	114	145	271	30	189	241
12	185	107	298	31	249	188
13	189	49	218	9	203	90
14	102	24	91	2	52	12
15	30	4	26	0	11	4
16	3	4	1	1	1	
≥17			1	1		
探测次数	11 576	9 952	12 801	9 801	12 350	10 621
平均弧长/s	1 183.2	1 166.3	896.97	518.8	1 016.3	577.51

4.6　几种方法比较

探测方案的比较当然需要比较国内外的各种方案，但是由于国外方案的视场均很小，最大也只有 6.6°×1.4°，精度也不高，只有 3″~4″，明显比下面四种方案差，因此，我们只比较以下四种方案：

（1）25°×4°（赤道点定向）。

（2）25°×12.5°（对地定向）。

（3）25°×12.5°（赤道点定向）。

（4）40°×20°（准惯性定向）。

为了比较各种方案的优劣，我们作了 GEO 目标可见情况的模拟计算。计算时选用的 GEO 目标集为：倾角小于 20°，地面高度大于 34 800 km、小于 36 800 km 的目标，共计 1 078 个。计算时采用 2015 年 1 月的 TLE（美国双行根数）作为目标的轨道根数，平台高度为 800 km，倾角为 98.60°，过降交点地方时选为 20 时 15 分。

我们计算的时段为：春分、夏至和冬至及其前后五天。模拟计算主要结果是统计每天的可见目标的次数和探测的弧长。计算结果的统计情况如表 4-7~表 4-10 所示。

表 4-7　春分时段可见目标数量（一天统计）

探测次数	25°×12.5° 赤道点定向					25°×4° 赤道点定向				
	19 Mar	20 Mar	21 Mar	22 Mar	23 Mar	19 Mar	20 Mar	21 Mar	22 Mar	23 Mar
0	0	0	0	0	0	0	0	0	0	1
1	246	215	228	250	273	223	210	207	225	248
2	446	483	508	458	473	530	525	599	545	594
3	322	336	319	334	304	309	323	267	292	229
4	61	44	23	36	28	16	20	5	16	6
5	3	—	—	—	—	—	—	—	—	—

续表

探测次数	25°×12.5° 对地定向					40°×20° 准惯性定向				
	19 Mar	20 Mar	21 Mar	22 Mar	23 Mar	19 Mar	20 Mar	21 Mar	22 Mar	23 Mar
0	0	0	1	0	1	0	0	0	0	0
1	63	58	82	72	78	129	164	200	193	204
2	581	632	657	635	618	552	566	534	547	562
3	402	359	321	347	359	323	306	298	276	265
4	32	26	16	24	22	69	41	46	57	46
5	—	3	1	—	—	5	1	—	5	1

表 4-8　夏至时段可见目标数量（一天统计）

探测次数	25°×12.5° 赤道点定向					25°×4° 赤道点定向				
	20Jun	21Jun	22Jun	23Jun	24Jun	20Jun	21Jun	22Jun	23Jun	24Jun
0	0	0	0	1	1	0	1	0	1	1
1	384	409	397	365	408	382	407	382	359	408
2	503	493	496	508	492	551	516	576	556	559
3	154	133	146	165	138	139	145	120	155	104
4	33	40	39	37	39	6	9	—	7	6
5	4	3	—	2	—	—	—	—	—	—

探测次数	25°×12.5° 对地定向					40°×20° 准惯性定向				
	20Jun	21Jun	22Jun	23Jun	24Jun	20Jun	21Jun	22Jun	23Jun	24Jun
0	0	1	0	1	0	0	0	0	0	0
1	160	172	178	144	174	146	154	156	185	184
2	652	649	695	694	637	634	661	661	675	653
3	259	255	204	232	262	234	204	219	191	216
4	7	1	1	7	5	64	59	42	26	25
5	—	—	—	—	—	—	—	—	1	—

表 4-9　冬至时段可见目标数量（一天统计）

探测次数	25°×12.5° 赤道点定向					25°×4° 赤道点定向				
	20Dec	21Dec	22Dec	23Dec	24Dec	20Dec	21Dec	22Dec	23Dec	24Dec
0	0	0	0	0	0	0	0	0	0	0
1	36	38	59	50	47	10	14	21	23	14
2	602	622	657	621	611	694	712	776	745	735
3	384	386	332	363	383	356	338	279	299	319
4	53	31	30	43	37	17	14	2	11	10
5	3	1	—	1	—	1	—	—	—	—

探测次数	25°×12.5° 对地定向					40°×20° 准惯性定向				
	20Dec	21Dec	22Dec	23Dec	24Dec	20Dec	21Dec	22Dec	23Dec	24Dec
0	2	1	2	2	0	0	0	0	0	0
1	254	263	271	259	238	81	93	110	116	118
2	577	618	638	637	608	364	413	418	422	356
3	229	185	165	173	222	561	547	537	496	584
4	15	11	2	7	9	68	25	13	39	20
5	1	—	—	—	1	—	—	—	5	—

表 4-10　春分、夏至、冬至可见目标数量（五天统计）

探测目标数	25°×12.5° 赤道点定向			25°×4° 赤道点定向			25°×12.5° 对地定向			40°×20° 准惯性定向		
	春分	夏至	冬至	春分	夏至	冬至	春分	夏至	冬至	春分	夏至	冬至
≤4	0	0	0	0	0	0	1	0	2	0	0	0
5	2	8	0	5	8	0	1	0	52	0	0	0
6	15	21	0	35	75	0	0	1	65	3	0	0
7	107	198	0	203	362	1	27	63	108	50	3	29
8	178	310	1	129	209	1	32	131	107	87	22	71
9	84	136	5	33	39	41	49	98	92	214	265	128
10	69	72	166	51	49	256	52	63	141	184	331	59
11	114	145	271	83	86	203	302	153	210	106	170	26
12	185	107	298	289	186	327	344	287	200	92	141	82
13	189	49	218	182	56	199	199	193	85	119	79	256
14	102	24	91	51	8	40	58	65	14	118	43	228

续表

探测目标数	25°×12.5° 赤道点定向			25°×4° 赤道点定向			25°×12.5° 对地定向			40°×20° 准惯性定向		
	春分	夏至	冬至	春分	夏至	冬至	春分	夏至	冬至	春分	夏至	冬至
15	30	4	26	17	—	8	11	19	2	72	18	155
16	3	4	1	—	—	2	0	3	—	28	4	32
≥17	—	—	1	—	—	—	2	2	—	5	2	12
探测次数	11 576	9 952	12 801	11 211	9 555	1240	12 463	11 921	10 549	11 912	11 454	13 344
平均弧长/s	1 183.2	1 166.3	896.9	460.7	442.7	338.9	889.30	1 058.1	578.31	3 284.3	3 013.5	2 580.2

模拟结果表明:五天探测时所有方法均能实现对 1 078 个 GEO 目标全覆盖。

表 4-11 是优劣指数 k 和定轨精度因子统计表,其中全年平均是指春分、夏至、秋分(同春分)和冬至数据的平均,由于表列探测次数是 1 078 个目标的探测次数,因此,每个目标的探测次数要除以 1 078。假定每 2 s 可得一个探测数据,这样就可得到五天目标的探测资料数 n,表中探测精度 σ 是 1/3 像元对应的角秒数,这样就可算出优劣指数 k。另外,精度因子 $\sigma/\sqrt{n}$ 就是五天测轨的单位权中误差的一个估计,但这不是真实的定轨精度,定轨精度还要乘上系数矩阵的逆矩阵,具体目标的定轨精度,由于探测数据在轨道上的分布不同,还会有所差别。我们将在第 6 章继续讨论 GEO 目标天基探测的定轨精度问题。

从表 4-11 最后一行可知,如果 25°×12.5° 赤道点定向的定轨精度为 1 km, 25°×12.5° 对地定向的定轨精度为 1.12 km, 40°×20° 准惯性定向的定轨精度就是 1.41 km, 而 25°×4° 赤道点的定轨精度是 640 m。

表 4-11　优劣指数 k 和定轨精度因子统计

时间	项目	25°×4° 赤道点定向	25°×12.5° 赤道点定向	25°×12.5° 对地定向	40°×20° 准惯性定向
春分	探测次数	11 211	11 576	12 463	11 912
	平均弧长/s	460.7	1 183.2	889.30	3 284.3
夏至	探测次数	9 555	9 952	11 921	11 454
	平均弧长/s	442.7	1 166.3	1 058.1	3 013.5

时间	项目	25°×4° 赤道点定向	25°×12.5° 赤道点定向	25°×12.5° 对地定向	40°×20° 准惯性定向
冬至	探测次数	12 400	12 801	10 549	13 344
	平均弧长/s	338.9	896.9	57 8.31	2 580.2
全年 平均	探测次数	11 094.2	11 467.2	11 849	12 405.5
	每个目标探测次数	10.29	10.64	10.99	11.27
	平均弧长/s	425.7	1 107.4	853.7	3 040.6
	五天探测资料数 n	2 190.8	5 894.6	4 691.1	17 142.7
—	CCD	30 k×5 k,5.5 μm	6 k×6 k,8 μm	6 k×6 k,8 μm	4 k×4 k,12 μm
	探测精度 σ/角秒	0.95	2.44	2.44	5.86
	优劣指标 k	2427.5	990.1	787.9	499.2
	精度因子	0.020 297 94	0.031 780 64	0.035 624 80	0.044 756 69
	归一化精度因子	0.64	1	1.12	1.41

从定轨精度因子看：25°×4°赤道点定向方法的定轨精度最好，25°×12.5°赤道点定向方法次之，25°×12.5°对地定向方法第三，40°×20°准惯性定向方法最差。

但是，我们也不能马上否定40°×20°准惯性定向方案，按照4.3.2节的方法，使用 6 k×6 k、8 μm 的 CCD，探测精度即可达到3.91″，系统的归一化精度因子就可达到0.939，这就与25°×12.5°赤道点定向方法相当了。

比较 25°×12.5°赤道点定向方法和 25°×12.5°对地定向方法的结果，显然，赤道点定向方法的精度高，因此，在实际工作中，如果需要长方形视场的方案，宜采用赤道点定向方法。

从探测次数、探测弧长、探测资料数看，均是准惯性定向方法好，特别是准惯性定向的探测弧长达到 3040 秒，这对目标关联和定轨精度均非常有利。另外，五天探测次数最少也有 6 次（其他方法只有 4~5 次），有利于编目轨道的更新。只要通过精密的图像处理，利用准惯性定向方法星象没有转动的优点，将探测精度提高到 2″（1/10 像元），准惯性定向方法的精度就是这四种方法中最好的，这是可以期待的。

最后，应该说明：

（1）以上模拟计算是 L=25°的结果，它只满足每天探测 2 圈的必要条件，因此，没有达到每个目标每天探测 2 圈的目标。但是，五天的平均探测次数均超过了 10 圈。我们认为，这四种方法的平均弧长均较长，已经基本满足要求了。如果一定希望每个目标每天探测 2 圈，那么就需要再扩大视场（估计 L 要大于 30°）。

（2）以上的比较结论只对 15 cm 望远镜（探测的目标约为 1 m）成立。如果希望探测更小的目标（如 30 cm），这时需要更大的望远镜（估计需要 45 cm 的望远镜）。由于 45 cm 的望远镜很难得到 20°×20° 的视场，准惯性定向方法就没有合适的望远镜了，所以，以上结果就不成立。这时或许只能采用 4 个 45 cm 的望远镜，组成一个长方形的视场，采用赤道点定向的方法。

（3）选择探测方案时，除了优劣指标 k（或定轨精度因子）外，还要考虑方案的其他可行性，如研制难度、造价等。另外，对于新目标（含 GEO 目标变轨）的捕获，需要计算初轨，这时探测弧长就非常重要，也需要我们综合考虑。

第 5 章 近地轨道目标的天基探测

自从 1996 年发射 SBV 后，探测目标均集中在 GEO 目标，没有对 LEO 目标进行系统地编目探测。究其原因，是采用的望远镜视场较小，探测弧段较短，对 LEO 目标编目的贡献不大；加上国外的相控阵雷达足够强大，对 LEO 目标的天基探测需求不强烈。直到 SBSS 计划才将 LEO 目标列入探测目标。

2010 年，我们研究发现：只要望远镜视场足够大，如 20°×20°，一个 15 cm 的望远镜，即可对 30~40 cm 的空间碎片进行探测，每天探测目标数可以达到 5000~6000 个，最长探测弧长也可达到 5~6 分钟，可以对 LEO 目标编目作出很大的贡献。本章将对 LEO 目标的天基探测问题进行进一步研究。

5.1 近地轨道目标探测的需求分析

5.1.1 近地轨道目标的轨道分析

1）LEO 目标的倾角分布

LEO 目标的倾角分布如图 5-1 所示。

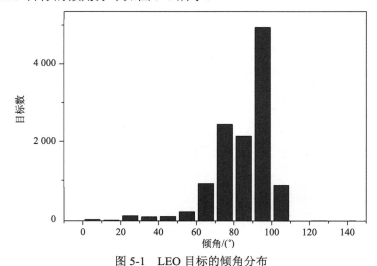

图 5-1 LEO 目标的倾角分布

2）LEO 目标的高度分布

LEO 目标的高度分布如图 5-2 所示，15 cm 以上的 LEO 目标的高度分布如图 5-3 所示，10 cm 以上的 LEO 目标的高度分布如图 5-4 所示。

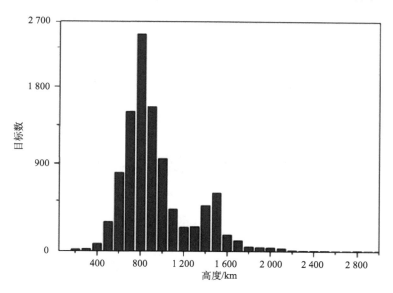

图 5-2　LEO 目标的高度分布

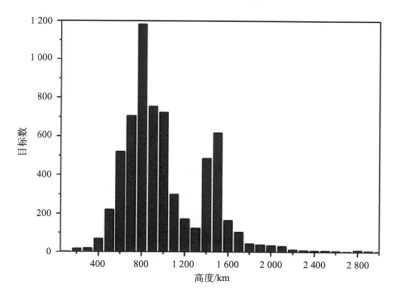

图 5-3　15 cm 以上的 LEO 目标的高度分布

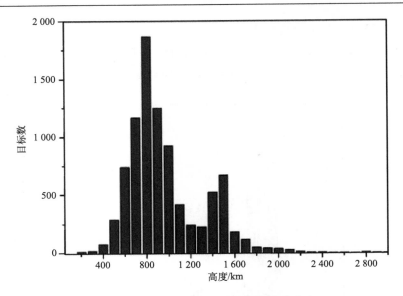

图 5-4　10 cm 以上的 LEO 目标的高度分布

从以上 LEO 目标分布情况看，有两点值得注意：

（1）LEO 目标有许多太阳同步轨道，倾角在 90°~100°的目标数量很多，有 5 000 个左右，几乎占了所有目标数量的 50%；

（2）LEO 目标在 800 km 和 1 400 km 有两个高峰，数量比较多。

5.1.2　近地轨道目标的探测策略

由于 LEO 目标和平台均在空间运动，可见交会情况比较复杂，一个望远镜不可能每天探测到所有的 LEO 目标。因此，与 GEO 目标探测不一样，在研究 LEO 目标的天基探测时，不能要求单星探测的目标全覆盖，只能讨论如何探测到更多目标的问题。

要实现探测尽可能多的目标，大致有两种途径：

（1）扩大空间目标的可见范围。除了望远镜设计出更大的视场外，通过改变望远镜的安装方法也可实现空间目标可见范围的扩大。

（2）避开地影。众所周知，地影对 LEO 目标的探测效率影响很大，如何设计一种探测模式让望远镜视场内的 LEO 目标均不在地影之中，是提高 LEO 目标的探测效率的研究重点。

下面，我们将详细讨论这两种天基探测方法。

5.2　对地定向方法

5.2.1　对地定向方法概要

对地定向方法的要点是：通过选择望远镜的安装角和平台的地面高度，尽量扩大空间目标的可见范围，增加空间目标探测数量。文献[1]详细介绍了这种方法，但计算比较复杂，这里我们介绍一种相对简单的方法。

我们知道一种天基探测方法包括：平台轨道、平台姿态、望远镜安装方式和目标探测模式。

为了天基探测的方便，望远镜最好固定安装在平台上，不用转台，探测时能自动识别运动目标，并通过背景星和目标的相对位置进行天文定位，得到目标的精确位置；平台姿态最常用的是对地定向方法；轨道采用明暗界线的太阳同步轨道，倾角和升交点经度就确定了；历元和平台在轨道上的位置由入轨时刻决定；近圆轨道又决定了偏心率和近地点辐角。这样只有平台轨道高度和望远镜的安装角度可以选择，如果用探测目标的最低高度确定安装角（式（3-8）），则只有平台轨道高度可以选择。下面我们介绍如何利用可见目标数作为优选指标来确定平台轨道高度的方法。

1. 平台高度选择的基本原理

假定近地空间目标的探测范围为 350～2 050 km，可探测的空间目标的数量分布为

$$N_{400}, N_{500}, N_{600}, N_{700}, N_{800}, N_{900}, N_{1\,000}, N_{1\,100}, N_{1\,200},$$
$$N_{1\,300}, N_{1\,400}, N_{1\,500}, N_{1\,600}, N_{1\,700}, N_{1\,800}, N_{1\,900}, N_{2\,000}$$

这里 N_{H_i} 为目标的地面高度在 $H_i \pm 50$ km 范围内的目标数，可以通过轨道数据库统计得到。可探测的空间目标大小不同，目标分布也不同，2015 年 12 月在轨目标的高度分布大致如表 5-1 所示（图 5-2～图 5-4）。

给定平台的地心距 r_0，就可计算不同目标高度 H_i 的无地影可见区域面积 $M_{H_i}^{r_0}$：

$$M_{400}^{r_0}, M_{500}^{r_0}, M_{600}^{r_0}, M_{700}^{r_0}, M_{800}^{r_0}, M_{900}^{r_0}, M_{1\,000}^{r_0}, M_{1\,100}^{r_0}, M_{1\,200}^{r_0},$$
$$M_{1\,300}^{r_0}, M_{1\,400}^{r_0}, M_{1\,500}^{r_0}, M_{1\,600}^{r_0}, M_{1\,700}^{r_0}, M_{1\,800}^{r_0}, M_{1\,900}^{r_0}, M_{2\,000}^{r_0}$$

表 5-1 2015 年 12 月在轨目标的高度分布 （单位：km）

目标高度/km	目标数量		
	全部目标	大于 10 cm	大于 15 cm
400	89.5	80.2	69.0
500	349.5	289.7	220.8
600	935.5	743.5	521.4
700	1 650.0	1 171.0	707.1
800	2 553.6	1 868.9	1 184.3
900	1 705.6	1 253.7	754.0
1 000	1 101.7	928.0	723.4
1 100	492.2	420.2	301.6
1 200	287.5	247.2	171.9
1 300	295.0	230.6	124.6
1 400	538.4	527.7	487.2
1 500	685.6	674.0	618.1
1 600	196.7	185.3	164.4
1 700	128.1	120.3	105.1
1 800	54.8	51.9	44.6
1 900	48.0	44.9	39.8
2 000	42.7	40.4	35.9
总数	11 444	9 153	6 537

注：有偏心率的轨道在各分段会有小数；总数并非以上 17 个数值之和，而是包含了其他高度

我们有理由认为指标 k：

$$k = \sum_{H_i=400}^{2\,000} WN_{H_i} M_{H_i}^{r_0} \tag{5-1}$$

就是地心距为 r_0 的平台探测目标数量多少的一个指标。式中，W 为权，如果选择 $W=1/P$（P 为以天为单位的平台周期），则 k 的物理意义就是每天可见的探测数。选择 r_0 使 k 达到极大，即可得到每天可见探测数最多的平台高度。这就是平台高度选择的基本原理。

2. 无地影可见区域面积

1）可见区域面积

如图 5-5 所示，O 为地心，A 为平台，$\vec{N}$ 为望远镜轨道面法向，假定探测平台和空间目标的轨道均为圆轨道，图中球面的半径为目标的地心距 r，OA 为平台的地心距 r_0。假定平台对地定向，望远镜固定安装在平台上，目标的可见范围为球面上的 BC 球冠，平台运动一圈，$\overset{\frown}{BC}$ 扫过的区域为以 $\overset{\frown}{BC}$ 为侧面的球台。球台的侧面积，可按下面的方法计算。

（1）对于 $r \geqslant r_0$，B 点和 C 点的高为

$$H_B = r\sin[90° - \angle B + (\alpha + \beta)]$$
$$H_C = r\sin[90° - \angle C + (\beta - \alpha)]$$

（5-2）

式中，α 为望远镜半视场；β 为望远镜偏转角。

$$\angle B = \arcsin\left[\frac{r_0\cos(\alpha + \beta)}{r}\right],\ \angle C = \arcsin\left[\frac{r_0\cos(\alpha - \beta)}{r}\right]$$

（5-3）

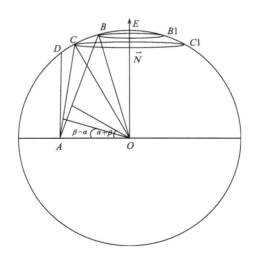

图 5-5 空间目标的可见区域 1

平台转一圈，扫过的区域就是一个球台，球台的高为

$$h = \text{abs}(H_B - H_C)$$

（5-4）

球台的侧面积就是

$$S_r = 2\pi r h$$

（5-5）

（2）对于 $r_0 \geqslant r \geqslant r_0 \cos(\beta - \alpha)$，空间目标的可见区域如图 5-6 所示，这时可见区域分成两个球台。

上面球台的高 h_1 为

$$h_1 = r[\sin(\alpha + \beta + 90° - \angle B) - \sin(\beta - \alpha + 90° - \angle C)] \qquad (5\text{-}6)$$

下面球台的高 h_2 为

$$h_2 = r[\sin(\beta - \alpha - 90° + \angle C) - \sin(\alpha + \beta - 90° + \angle B)] \qquad (5\text{-}7)$$

于是，两个球台的总面积为

$$S_r = 2\pi r(h_1 + h_2) \qquad (5\text{-}8)$$

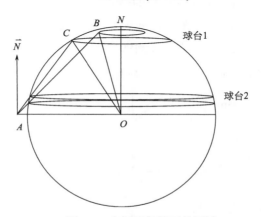

图 5-6 空间目标的可见区域 2

（3）对于 $r_0 \cos(\beta - \alpha) > r \geqslant r_0 \cos(\alpha + \beta)$，则空间目标的可见区域如图 5-7 所示，这时球台的高为

$$h = r[\sin(\alpha + \beta + 90° - \angle B) - \sin(\alpha + \beta - 90° + \angle B)] \qquad (5\text{-}9)$$

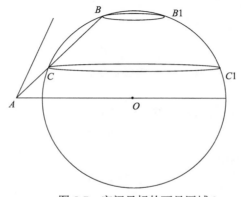

图 5-7 空间目标的可见区域 3

于是，球台面积为

$$S_r = 2\pi r^2[\sin(\alpha+\beta+90°-\angle B) - \sin(\alpha+\beta-90°+\angle B)] \qquad (5\text{-}10)$$

在以上公式中，令 $r=180/\pi$，即可得到不同平台和目标高度的可见区域面积（平方度），即球台的侧面积（表 5-2）。

表 5-2　不同平台和目标高度的可见区域面积（平方度）和平均无地影区域比例

目标高度/km	平台高度/km							
	700		900		1 100		1 300	
	可见区域面积	无地影区域比例	可见区域面积	无地影区域比例	可见区域面积	无地影区域比例	可见区域面积	无地影区域比例
400	4 754.158	0.553	4 623.516	0.391	4 499.862	0.278	4 382.649	0.213
500	8 144.710	0.613	7 920.896	0.483	7 709.055	0.383	7 508.249	0.307
600	10 402.109	0.652	10 116.263	0.540	9 845.707	0.451	9 589.246	0.379
700	12 178.239	0.680	11 843.586	0.579	11 526.833	0.499	11 226.582	0.433
800	10 018.337	0.612	13 290.148	0.611	12 934.707	0.536	12 597.784	0.475
900	9 220.094	0.579	12 804.575	0.593	14 153.998	0.565	13 785.314	0.507
1 000	8 690.429	0.555	10 652.619	0.526	15 232.557	0.589	14 835.779	0.534
1 100	8 287.229	0.537	9 744.802	0.493	11 996.526	0.503	15 778.712	0.557
1 200	7 958.278	0.522	9 121.660	0.469	10 542.045	0.456	16 634.299	0.577
1 300	7 678.357	0.508	8 639.577	0.450	9 700.406	0.426	11 177.446	0.432
1 400	7 433.345	0.497	8 243.302	0.434	9 084.099	0.404	10 102.672	0.397
1 500	7 214.542	0.488	7 905.177	0.421	8 591.848	0.385	9 365.781	0.371
1 600	7 016.211	0.479	7 609.259	0.410	8 179.527	0.370	8 793.160	0.351
1 700	6 834.372	0.473	7 345.481	0.400	7 823.476	0.357	8 320.908	0.335
1 800	6 666.148	0.466	7 107.072	0.391	7 509.407	0.346	7 917.292	0.320
1 900	6 509.388	0.460	6 889.248	0.382	7 227.982	0.336	7 563.961	0.308
2 000	6 362.447	0.455	6 688.503	0.376	6 972.740	0.328	7 249.248	0.298

2）无地影可见区域面积的平均比例

由于太阳的位置变化，一年中春夏秋冬的地影是不一样的，我们需要求出全年的平均无地影可见区域面积，这样就需要对一年中不同时间的无地影可见区域的面积进行平均，求出式（5-1）的指标 k。与其这样，不如求出平均的无地影面积占可见区域的比例。

可见区域中地影区域的面积可以利用定积分方法求得，但是由于地影边界线与球台边界的相交有多种情况，比较复杂，不如利用蒙特卡罗方法计算来得简单。应该指出：这种方法通过一次投点，即可求出多个地影区的面积比例，其方法如下。

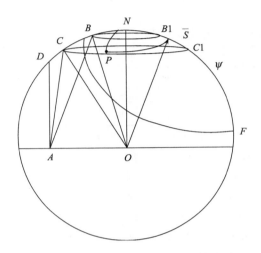

图 5-8　空间目标的无地影可见区域

如图 5-8，我们在球台侧面（一半）均匀投 N 点，投点 P 位置用 λ，δ 表示，其中，λ 为 NB 与 NP 的夹角，δ 为 $\overset{\frown}{NP}$ 的弧长，于是：

$$\lambda = 180° \times R_1, \quad \delta = \delta_B + \overset{\frown}{BC} \times R_2 \tag{5-11}$$

式中，R_1，R_2 为（0~1）之间的均匀分布的随机数。

假设有 11 个反日点（用 $N\overline{S}$ 表征），即

$$N\overline{S}_j = i_0 - 90° - 23.44° + j \times \Delta\delta, \quad j = 0, 1, 2, \cdots, 10$$

式中，i_0 为平台倾角；$\Delta\delta = 4.688°$。对于地心距为 r 的目标，地影边界到反日点的角距为 $\psi = \arcsin\left(\dfrac{R_E}{r}\right)$。对于 11 个反日点的位置，计算公式为

$$\cos\overline{S}P_j = \cos\delta\cos N\overline{S}_j + \sin\delta\sin N\overline{S}_j\cos(180° - \lambda), \quad j = 0, 1, 2, \cdots, 10 \tag{5-12}$$

如果 $\cos\overline{S}P_j \geqslant \cos\psi$，则对于第 j 个反日点位置，P 点在地影中，于是对相应的 n_j 计数（需对每一个反日点位置计数）。这样，当 N 个投点完毕后，就可得到：$n_j(j = 0, 1, 2, \cdots, 10)$。于是，我们就得到对于倾角为 i_0（由平台高度确定）的平台和地心距为 r（同时还由 ψ 确定）的目标，一年内

平均无地影区域的比例：

$$b_r^n = 1 - \left(n_0 + n_{10} + 2\sum_{j=1}^{9} n_j \right) / 20N \qquad （5\text{-}13）$$

表 5-2 给出几种平台的可见区域面积（平方度）以及平均无地影区域比例。显然，式（5-1）中的 $M_{H_i}^n = S_r \times b_r^n$。

3. 平台高度的选择结果

对于一个平台高度 n，有了 $M_{H_i}^n$，我们只要在表 5-1 中选择一种目标集合，即可计算指标 k。对于大小在 10 cm 以上的目标集合，平台高度为 912.5 km，计算结果如表 5-3 所示。

表 5-3　优选指标 k 的一个算例

（平台高度为 912.5 km，周期为 103.254 3 min，倾角为 99.088°）

目标高度/km	地影区半径/(°)	目标数	可见区域面积/平方度	无地影比例	$N_{Hi}M_{Hi}^n$ /100
400	70.823	80.200	4 615.589	0.382 55	1 418.063
500	68.556	289.700	7 907.316	0.477 03	10 932.219
600	66.554	743.500	10 098.919	0.534 02	40 058.364
700	64.753	1 171.000	11 823.279	0.574 22	79 459.224
800	63.110	1 868.900	13 267.361	0.605 23	149 930.410
900	61.597	1 253.700	14 518.009	0.629 84	114 738.455
1 000	60.192	928.000	10 812.753	0.527 13	52 891.004
1 100	58.881	420.200	9 847.930	0.492 17	20 342.874
1 200	57.650	247.200	9 198.852	0.466 31	10 607.229
1 300	56.491	230.600	8 700.950	0.447 82	8 974.781
1 400	55.394	527.700	8 293.658	0.430 99	18 877.878
1 500	54.354	674.000	7 947.253	0.418 02	22 396.824
1 600	53.364	185.300	7 644.793	0.405 86	5 750.762
1 700	52.421	120.300	7 375.666	0.395 56	3 515.386
1 800	51.519	51.900	7 132.768	0.387 22	1 431.505
1 900	50.657	44.900	6 911.103	0.379 42	1 176.492
2 000	49.830	40.400	6 707.021	0.372 72	1 007.849
目标函数	$k = \sum N_{Hi}M_{Hi}^n / P /10\,000$				75 799

比较不同平台高度的 k，即可得到使 k 取极大值的平台高度，表 5-4 给出其优选情况。

从表 5-4 的前两列可见，k 在 800~850 km 和 900~950 km 有两个极值，进而计算后两列，极值出现的平台高度为 812.5 km 和 912.5 km。

表 5-4　平台高度的优选情况

平台高度/km	$k = \sum N_{Hi} M_{Hi}^{n_i} / P / 10\,000$	平台高度/km	$k = \sum N_{Hi} M_{Hi}^{n_i} / P / 10\,000$
750	70 995	800	74 667
800	74 667	812.5	74 914（极值 2）
850	73 797	825	74 492
900	73 654	900	73 654
950	74 017	912.5	75 799（极值 1）
1 000	72 218	925	75 150
1 050	72 871	937.5	74 562
1 100	70 318	950	74 017

说明：

（1）以上这种优选过程，只针对相同的探测系统（望远镜口径、视场）进行比较，得到 k 为极大值的平台高度。

（2）不同探测能力的望远镜，需要选择不同的目标集合。

（3）得到的 k 并不表示我们一天可以看到 k 个弧段，因为一个弧段有一定弧长，弧段中目标的不同位置在计算 k 时会重复计数，而且目标在天球上也不是均匀分布的。

（4）由于表 5-1 目标高度分区的间隔为 100 km，而实际的目标高度是连续且不均匀的，因此，我们得到的极值位置（即平台高度）只是一种估计。从 k 值的数值看，在 800~950 km，k 均接近 74 000，差别并不是很大。因此，只能认为：在 800~950 km 存在极值区。最终，我们可以在这区间中，根据其他条件（如避开太阳同步轨道目标的密集区）来选择平台高度。

4. 不同视场的最佳平台高度

以上得到的最佳平台高度，对应于 $\alpha=10°$，不同 α 的最佳平台高度是不同的。表 5-5 给出几种 α 的最佳平台高度。

表 5-5　不同 α 的最佳平台高度

$\alpha/(°)$	极值 1		极值 2	
	高度/km	k	高度/km	k
10	912.5	75 799	812.5	74 914
9	937.5	71 191	825.0	70 115
8	975	65 729	837.5	64 981
6	1 150	51 917	937.5	51 315

从表 5-5 可知，随着 α 变小，最佳平台高度将升高，两个极值问题仍然存在，但是两个极值之间的距离也在增大，于是极值区间将增大。存在两个极值的问题，与表 5-1 目标高度分区的间隔过大有关，但是，极值区域的扩大与此无关，显然这对我们最终选择平台高度是有利的。

5.2.2　模拟计算验证

根据 5.2.1 节的分析，我们不难看出对地定向方法的要点是：

（1）根据式（3-8）确定望远镜的安装角度 β。

（2）利用式（5-1）作为优选指标，确定平台的高度。

为了说明这些核心决策是否正确，我们作了模拟计算进行验证。模拟计算时，采用了与 5.2.1 节相同的目标集合，即目标大小为 10 cm 以上的目标集合，共计 9 153 个目标。

1）望远镜安装角 β 的正确性验证

假定平台高度为 800 km，计算三种 β 角的可见情况如表 5-6 所示。

表 5-6　不同安装角的可见情况（平台高度为 800 km）

项目	春分、秋分			冬至			夏至		
	$\beta=0°$	$\beta=10.4°$	$\beta=-15°$	$\beta=0°$	$\beta=10.4°$	$\beta=-15°$	$\beta=0°$	$\beta=10.4°$	$\beta=-15°$
弧段数	120 506	151 241	31 849	87 420	138 829	22 912	79 770	124 120	33 167
目标数	7 025	7 950	5 117	6 659	7 904	4 582	5 411	6 057	5 077
弧长/s	81.5	100.0	66.0	83.2	123.8	65.1	73.1	89.5	61.1

由表 5-6 可知，所有节气，$\beta=10.4°$（由式（3-8）确定）的探测弧段数、目标数和弧长均比其他两种安装角（$\beta=0°$ 和 $\beta=-15°$）要好很多。因此，

选择式（3-8）的安装角是正确的。

2）平台高度选择的正确性验证

我们计算了 600 km、800 km、912.5 km 和 1 000 km 四种平台高度的可见情况，如表 5-7 所示。

表 5-7　不同高度平台的可见情况（β 由式（3-8）确定）

平台参数	春分			夏至			冬至		
	探测数	目标数	弧长/s	探测数	目标数	弧长/s	探测数	目标数	弧长/s
600 km, 5.38°	141 291	8 272	101.68	111 867	8 285	92.42	118 708	8 220	113.96
800 km, 10.4°	151 241	7 950	100.02	104 120	6 057	89.46	138 829	7 904	123.80
912.5 km, 12.65°	156 874	8 169	99.81	137 667	8 168	91.71	147 089	8 168	126.71
1 000 km, 14.23°	157 172	8 146	102.70	139 100	8 241	91.30	149 569	8 148	132.58

计算结果表明：探测数×弧长，结果最好的是 1 000 km，912.5 km 次之，但是，探测目标数是 600 km 最多。

由于我们的优选指标是 $k = \sum_{H_i=400}^{2\,000} WN_{H_i} M_{H_i}^n$，与"探测数×弧长"的含义接近，因此，模拟计算结果说明最好的应该是 1 000 km，912.5 km 次之。尽管没有精确指示优选结果最好的是 912.5 km，但是，我们前面已经说过，优选时我们假定目标的全球分布是均匀的，而实际情况不可能是这样；实际的目标高度是连续的，而模拟时高度是每隔 100 km 才给一个数据；全年平均优选时，我们采用 10 个时刻，而模拟计算只有 3 个时刻；而且，模拟计算采用了蒙特卡罗方法，也是有误差的。因此，模拟计算结果与优选结果是不可能完全一致的。所以，应该说表 5-7 的结果与 5.2.1 节的优选结果是基本一致的。

另外，1 000 km 和 912.5 km 的结果相差不大（不超过 2%），也说明最佳平台高度有一个区间，这与优选结果也是一致的。

这些情况均说明，优选结果是可信的。采用高度为 912.5 km 的平台是一种可以接受的方案。当然，最可信的还是模拟计算结果，因此，在优选结果附近，多做一些模拟计算，找到更准确的平台高度是值得推荐的方法。

另外，模拟计算结果还告诉我们：用 $k = \sum\limits_{H_i=400}^{2\,000} WN_{H_i} M_{H_i}^n$ 没有指示探测目标最多的平台位置，这显然值得我们进一步研究。

5.3 避开地影的方法

5.3.1 对地定向方法

图 5-9 给出对地定向方法可见区域和地影区域的示意图，上图为冬至，下图为夏至，图中 SUN 为反日点，$\vec{N}$ 为轨道面法向，是可见区域的中心。

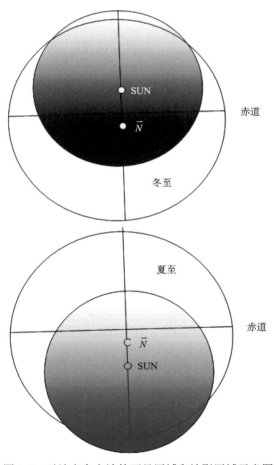

图 5-9 对地定向方法的可见区域和地影区域示意图

假定 i_0 为平台倾角，α 为望远镜半视场，可见区域的扫描半径为 R，望远镜视场中没有地影的条件为

$$R - \alpha - \psi \geqslant \Delta \qquad (5\text{-}14)$$

对于对地定向

$$\Delta = |90° - i_0 - \delta_\odot| \qquad (5\text{-}15)$$

式中，$\delta_\odot$ 为反日点赤纬；ψ 为地影角，$\psi = \arcsin\left(\dfrac{6\,402}{r}\right)$；$r$ 为目标的地心距（km）。

假定平台高度为 500 km，表 5-8 给出不同高度目标的 $R - \alpha - \psi$，而 $|90° - i_0 - \delta_\odot|$，冬至为 30.8°，夏至为 16°，春、秋分为 7.4°。因此，冬至和夏至，望远镜视场中均有地影；春、秋分前后（$\delta_\odot$ 在 0°~15°，约为 3 月 21 日到 5 月 2 日和 8 月 13 日到 9 月 23 日两段时间），只有 β 角小于 −14° 时，才没有地影。还要说明的是：尽管这两段时间内没有地影，低于平台高度（500 km）的目标，仍然是看不到的（几何不可见）。

表 5-8　不同高度目标的 $R - \alpha - \psi$（平台高度 500 km）（单位：（°））

$\beta/(°)$	目标高度/km				
	500	750	1 000	1 250	1 500
0	11.444	0.867	−1.407	−2.682	−3.537
−2	11.444	2.739	0.503	−.755	−1.599
−4	11.444	4.362	2.237	1.028	0.214
−6	11.444	5.753	3.799	2.671	1.906
−8	11.444	6.937	5.200	4.178	3.480
−10	11.444	7.941	6.453	5.559	4.941
−12	11.444	8.794	7.572	6.819	6.295
−14	11.444	9.520	8.569	7.971	7.548
−16	11.444	10.142	9.460	9.021	8.707
−18	11.444	10.679	10.257	9.980	9.780
−20	11.444	11.145	10.973	10.857	10.773
−22	11.444	11.552	11.616	11.660	11.693
−24	11.444	11.911	12.198	12.397	12.547
−26	11.444	12.230	12.725	13.075	13.340

综上所述，对地定向方法也可进行两个多月的无地影探测，但是由于望远镜需要向上看（$\beta < -14°$），所以看不到比平台低的目标，探测的弧长也较短。

5.3.2　对日定向方法

采用对日定向方法，可见区域的旋转中心和地影区域的中心均是反日点，因此，$\Delta = 0$，对于 500 km 的平台，只要选择安装角 θ 大于 4°，由表 5-8（$\beta = -\theta$）可知，$R - \alpha - \psi > 0$（对日定向的 R 比对地定向的 R 略小，θ 要比 4° 大一些），望远镜就可避开地影。但是，对日定向方法存在冬至望远镜视场中出现地球的问题。

如图 5-10 所示，O 为地心，A、A' 为平台，D、D' 为望远镜中心，B、C 为望远镜边界，E 为赤道点，GG' 为平台轨道，PP' 为南北极方向，S、S'、S'' 为反日点，$\vec{N}$ 为轨道面法向。

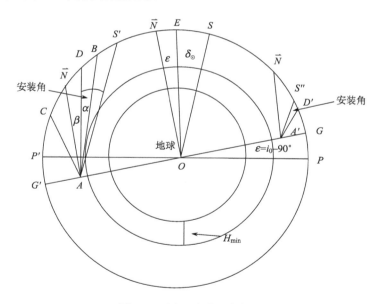

图 5-10　避开地球和安装角

假定平台高度为 500 km，倾角 $i_0 = 97.4°$，$H_{min} = 50 km$，$\alpha = 10°$，$\beta = 10.843°$，安装角为 $\theta = 7.4 + 23.44 - 10.843 = 19.997°$（查表 5.6 时 $\beta = -\theta$），才能满足没有地球的要求，也就是说为了望远镜避开地球，安装角需要大于 19.997°。这就引起了偏转角 β 负值太大的问题，例如，图 5-10 中右边

冬至时的望远镜偏转角 β 为

$$\beta = -(\varepsilon + \delta_{\odot} + 19.997°) = -50.837°$$

偏转角 β 负值太大，不仅看不到比平台高度（500 km）低的目标，而且由于探测弧长很短，将会严重影响探测效率。

当然，对日定向方法已经实现了全年的无地影探测，但是由于存在以上问题，对日定向方法也需要改进。

5.3.3　限位对日定向方法

分析对日定向方法的问题，主要是安装角 θ 过大。限位对日定向方法与对日定向方法的差别，只是望远镜侧面法向不全程跟踪反日点，当反日点赤纬 $\delta_{\odot}$ 大于 13°时，平台姿态控制只跟踪到 13°，使得冬至的安装角限制在 10°左右，这时，Δ 约为 10°，而 $R-\alpha-\psi$ 在冬至时约为 5°，尽管可见区域内仍有地影，但是，视场的 3/4 是没有地影的。这样，冬至右边的 β 角就可变为 -30°（夏至的 β 角约为 6°），使得可见情况好一些。起码在夏至右边也能看到比平台高度低的目标。当然，限位对日定向方法的对称轴仍不是轨道面法向，可见区域的不对称总是存在的。

限位对日定向方法是一个折中的方法，其参数的确定过程如下：

（1）选择 r_0，H_{min} 和 α，根据 $\beta = \arccos\left(\dfrac{R_E + H_{min}}{r_0}\right) - \alpha$ 确定左边的 β，保证视场中没有地球；

（2）根据冬至的限位 $\delta_{限位}$ 和平台倾角，确定安装角，即 $\varepsilon = i_0 - 90°$，$\theta = \varepsilon + \delta_{限位} - \beta$，用 $\beta = -\theta$ 查表 5-8，确认可见区域可以避开地影。

下面举个例子：选择平台 500 km，$\alpha = 10°$，倾角 $i_0 = 97.4°$，$\varepsilon = 7.4°$，$H_{min} = 50$ km，则 $\beta = 10.843°$；选择 $\delta_{限位} = 13°$，则安装角 $\theta = 7.4 + 13 - 10.843 = 9.557°$，查表 5-6 可知 $R-\alpha-\psi$ 在冬至约为 5°，冬至附近 $\Delta = \delta_{\odot} - 13$（小于 10.44°），其他 $\Delta = 0$，可以保证视场内看到目标。

由此可知，限位对日定向方法可以避开地球，并且可以基本避开地影。

5.3.4　可见弧长

确定了安装角 θ，望远镜相对于轨道面法向的偏转角 β 就可确定。如图 5-11，对于任何时间及平台的任意位置（纬度角等于 u），计算 β 的公式为

$$\cos\beta=\cos(\varepsilon+\delta_\odot)\cos\theta+\sin(\varepsilon+\delta_\odot)\sin\theta\cos(90°+u) \tag{5-16}$$

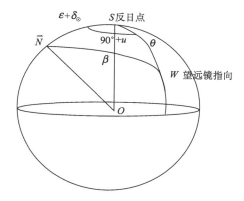

图 5-11　安装角 θ 和偏转角 β 的关系

对于左边（$u=-90°$），
$$\cos\beta=\cos(\varepsilon+\delta_\odot)\cos\theta+\sin(\varepsilon+\delta_\odot)\sin\theta, \\ \beta=\varepsilon+\delta_\odot-\theta \tag{5-17}$$

对于右边（$u=+90°$），
$$\cos\beta=\cos(\varepsilon+\delta_\odot)\cos\theta-\sin(\varepsilon+\delta_\odot)\sin\theta, \\ \beta=-(\varepsilon+\delta_\odot+\theta) \tag{5-18}$$

有了偏转角 β，就可按式（3-9）计算 $\overset{\frown}{BC}$。要注意的是，这时偏转角 β 和弧 $\overset{\frown}{BC}$ 与时间有关，春夏秋冬的数值是不一样的。表 5-9 给出不同季节，左边和右边的偏转角 β。

表 5-9　不同季节的偏转角 β　　　　（单位：（°））

季节	反日点赤纬 $\delta_\odot$	$i_0-90°+\delta_\odot$	左边 β	右边 β
春分、秋分	0	7.4	−2.6	−17.4
夏至	−23.44	−16.04	−26.04	6.04
冬至	13	10.40	10.40	−30.40

假定平台高度为 500 km，望远镜半视场为 $\alpha=10°$，有了偏转角 β，就可按式（3-9）计算 $\overset{\frown}{BC}$ 的长度，由于，我们计算的目的是估计限位对日定向方法的探测能力，计算时没有严格按式（3-9）分各种情况计算，而是只计算了目标比平台高的情况，表 5-10 只给出了目标高度为 600~2 000 km 的结果。

表 5-10　限位对日定向方法的 $\overset{\frown}{BC}$ 长度（安装角=10°）　（单位：（°））

目标高度	春、秋分		夏至		冬至		$\delta_\odot = i_0 - 90°$	
/km	左边	右边	左边	右边	左边	右边	左边	右边
600	16.328	3.244	1.531	28.204	32.785	1.149	7.566	7.566
700	16.999	5.120	2.738	26.742	30.726	2.117	9.596	9.596
800	17.403	6.442	3.730	25.866	29.461	2.951	10.837	10.837
900	17.680	7.455	4.568	25.260	28.566	3.682	11.713	11.713
1 000	17.887	8.270	5.292	24.806	27.883	4.330	12.379	12.379
1 100	18.048	8.946	5.926	24.450	27.338	4.911	12.911	12.911
1 200	18.179	9.521	6.489	24.159	26.888	5.436	13.348	13.348
1 300	18.288	10.018	6.994	23.916	26.509	5.915	13.717	13.717
1 400	18.381	10.455	7.450	23.709	26.183	6.353	14.033	14.033
1 500	18.461	10.842	7.865	23.530	25.899	6.757	14.309	14.309
1 600	18.531	11.190	8.245	23.373	25.647	7.130	14.553	14.553
1 700	18.593	11.503	8.595	23.233	25.423	7.478	14.770	14.770
1 800	18.648	11.789	8.919	23.108	25.222	7.802	14.965	14.965
1 900	18.698	12.050	9.220	22.995	25.039	8.105	15.142	15.142
2 000	18.743	12.290	9.501	22.893	24.873	8.390	15.303	15.303

5.3.5　可见区域面积

与计算对地定向方法的可见区域面积类似，我们计算了限位对日定向方法的无地影可见区域面积，计算结果如表 5-11 所示。

由表 5-11 可知，在目标集中区域（800~900 km），对地定向方法的无地影可见区域比限位对日定向方法的无地影可见区域面积大两倍，因此，为了编目仍需选择对地定向方法。但是，限位对日定向也是一种可用的方法，在目标高度高于 1 200 km 时，限位对日定向方法的可见区域面积还略大一些。另外，由于距离短，可见的小目标会多一些。因此，可见情况会比表 5-11 好一些。

应该指出：限位对日定向方法的可见区域基本是天球上的一个大圆，而且没有地影，目标进入此区域就可看到，这对发现新目标、掌握空间势态比较有利，应对限位对日定向方法有所重视。

表 5-11　无地影可见区域面积（平方度）的比较

目标高度/km	目标数	对地定向无地影可见区域面积（平台高度 912.5 km）	限位对日定向无地影可见区域面积（$\delta_\odot = i_0 - 90°$）
600	935.5	5 394.597	2 707.1
700	1 650.0	6 785.700	3 409.3
800	2 553.6	8 030.271	3 821.1
900	1 705.6	9 145.193	4 097.6
1 000	1 101.7	5 695.041	4 295.9
1 100	492.2	4 844.095	4 443.5
1 200	287.5	4 293.463	4 555.9
1 300	295.0	3 895.064	4 642.8
1 400	538.4	3 580.270	4 710.3
1 500	685.6	3 325.480	4 762.9
1 600	196.7	3 104.095	4 803.6
1 700	128.1	2 923.578	4 834.8
1 800	54.8	2 757.155	4 858.2
1 900	48.0	2 620.670	4 875.2
2 000	42.7	2 494.007	4 886.8

5.4　模拟计算结果及分析

为了评估天基探测对 LEO 目标的编目能力，进一步比较对地定向方法和限位对日定向方法的探测效果，我们做了对地定向和限位对日定向两种方法的可见情况模拟计算，一年计算春分、夏至和冬至三个季节，每个季节计算五天，统计了探测次数（弧段数）、探测目标数和平均探测弧长。

5.4.1　天基探测的编目能力

模拟计算时，假定目标数据库包含大小在 10 cm 以上的 9 153 个目标，探测时采用 15 cm 望远镜和量子效率为 58% 的 CCD。模拟计算给出了覆盖和探测两种的结果，其中覆盖是指计算时没有考虑望远镜的探测能力，探测是指考虑了望远镜的探测能力。表 5-12 给出目标按每天探测次数的分类统计。

表 5-12　五天探测次数相同的目标数

探测次数	对地覆盖			对地探测			对日覆盖			对日探测		
	春分	夏至	冬至	春分	夏至	冬至	春分	夏至	冬至	春分	夏至	冬至
0	977	985	985	1787	1733	2077	546	424	543	995	938	2278
1	169	159	148	401	381	495	209	127	146	460	540	447
2	320	344	310	447	530	597	466	260	268	672	688	451
3	367	430	407	442	569	526	615	419	387	700	633	446
4	408	474	549	467	542	491	775	588	654	766	645	549
5	419	417	528	427	401	436	714	568	756	670	550	589
6	526	414	642	479	423	530	640	655	769	575	592	571
7	488	442	518	398	366	415	581	561	749	503	459	494
8	483	360	437	399	335	296	502	598	595	425	443	405
9	403	322	346	338	284	267	411	506	411	392	390	309
10	340	330	318	305	262	237	358	421	446	310	325	308
11	273	310	253	246	246	173	268	382	330	243	266	227
12	299	300	258	232	267	203	207	370	326	204	291	254
13	221	238	214	192	200	168	175	308	301	149	241	219
14	206	221	186	177	176	146	180	329	254	161	238	200
15	161	202	173	150	151	143	163	309	221	137	220	174
16	145	183	157	135	153	131	133	266	188	120	186	132
17	156	167	123	128	138	99	119	298	169	107	212	122
18	133	153	138	119	121	122	118	264	131	94	184	94
19	116	154	119	117	125	101	105	228	96	86	146	55
20	108	150	120	93	108	88	77	171	82	73	123	43
>20	2 435	2 398	2 224	1 674	1 642	1 412	1 791	1 101	1 331	1 311	843	786

　　假定编目采用五天定轨,并认为只有 1~5 个弧段数据定轨的精度不够,称为编目困难目标;认为具有 6 个弧段数据(可能是 3 升 3 降)的定轨,可以满足编目的精度要求,称为可以编目目标。则由表 5-12 统计:对于 15 cm 望远镜和量子效率为 58% 的 CCD 的天基探测,五天内有一次以上探测目标数、有 1~5 弧段数据编目困难的目标数和有 6 弧段以上数据可以编

目的目标数经过统计如表 5-13 所示。

表 5-13　两种方法的目标编目能力

探测编目情况	对地探测			限位对日探测		
	春分	夏至	冬至	春分	夏至	冬至
五天内有一次以上探测目标数	7 366	7 420	7 076	8 158	8 215	6 875
1~5 弧段探测，编目困难目标数	2 184	2 423	2 545	3 268	2 475	2 482
6 弧段以上探测，可以编目目标数	5 182	4 997	4 531	4 890	5 740	4 393
平均探测弧长/s	99.8	91.7	126.7	76.6	81.3	112.1

由表 5-13 可知，天基单星编目能力可评估如下：

（1）五天内有探测的目标在 7 000~8 000 个（每天有探测的目标只有 5 000~6 000 个），有 1 000 多个目标，由于尺寸太小或距离太远，15 cm 望远镜看不到，天基探测可独立编目的目标数约为 5 000 个。

（2）对地定向方法的探测弧长比对日定向方法的探测弧长要长 13%~30%。

（3）提高编目能力可以与地面探测数据联合编目，也可以采用天基平台的组网探测。

（4）对地定向方法的编目定轨能力明显优于限位对日定向方法。

5.4.2　两种方法的目标覆盖率

除了编目定轨能力之外，天基探测的另一个重要指标是空间目标的探测覆盖率，即假定望远镜探测能力足够，该探测方法能看到多少目标，占目标总数的百分比是多少？

表 5-14 给出了 1~5 天目标覆盖率的模拟计算结果，由表 5-14 可知：对日定向方法的目标覆盖率均明显优于对地定向方法。

这个结果表明，如果我们更关心目标的搜索发现和空间态势的变化，采用对日定向方法是比较合适的。也许，对日平台组网探测比对地定向平台组网探测可以探测到更多的目标，这是今后研究天基组网探测时值得注意的。

表 5-14　两种方法的目标覆盖率（目标总数 9 153 个）

方法	季节	目标覆盖率/%				
		探测一天	探测两天	探测三天	探测四天	探测五天
对地定向	春分、秋分	63.88	78.49	84.45	87.36	89.25
	夏至	63.30	78.50	84.27	87.36	89.24
	冬至	62.45	77.72	83.89	87.09	89.24
对日定向	春分、秋分	72.97	86.16	90.77	92.71	94.03
	夏至	74.55	89.16	92.79	94.41	95.37
	冬至	77.31	88.67	91.83	93.22	94.07

第6章　数据处理和轨道关联

在本章中，我们主要研究天基探测数据的处理，不包括平台管理业务的内容，例如，平台的测轨、姿态、通信等。

天基探测数据的处理，分为星上处理和地面处理两个部分。星上处理主要是图像处理，处理时需要在星上计算机内存放足够的星表数据（不同方法的需求量差别很大），处理的结果是各个目标的探测结果，包括目标临时编号和 $t_i, \alpha_i, \delta_i (i = 1, 2, \cdots, n)$，以及一段时间内的探测图像（如需要可以下传）。这些数据根据地面指令可以及时清零，以便节省储存量。

地面处理部分，主要是探测数据的轨道关联，将目标临时编号换成国际编号，因此，需要储存已知目标的轨道数据库，这些数据要有一定的精度，以便关联目标。为了更新轨道，每个目标还需存放有一定时长的探测数据。由于有些数据可能关联失败，这些目标将被判别为未关联目标（UCT），因此，还需有未关联目标的初轨数据库和观测资料库。未关联目标数据处理将会确定一些新目标，新目标的编号一般无法自动识别，需要根据情报人工介入。

空间目标编目方法涉及的内容很多，这里不便详细介绍，本章主要介绍探测图像处理和轨道关联两个部分。

6.1　探测图像处理

望远镜探测一次，就可得到一张 CCD 图像（图 6-1）。图像中，包括许多恒星，有时还有一些目标（可能不止一个）星象。

图像处理就是在众多星象中，利用星象特征，找出与恒星不同的目标，并在星表中，找出恒星（定标星）的天球坐标（赤经和赤纬）；利用定标星和目标星象的相对位置，求出目标在天球坐标系中的位置，再与探测时间一起得到目标的探测数据：探测时间 t、探测位置的赤经 α 和赤纬 δ。

图 6-1　探测得到的 CCD 图像

6.1.1　图像中星象的运动

图像中的星象不是静止的，所有星象均在运动。不同的探测平台，望远镜的指向不同，星象的运动也是不同的。恒星星象和目标星象的运动也是不同的。

1）恒星星象的运动

对于准惯性平台，恒星运动最简单，望远镜中心在恒星背景中，每天只在赤经方向运动（赤经增加）0.985 6°，也就是说，在探测图像中，恒星星象每天运动（赤经减少）0.985 6°。由于探测的露光时间很短，图像中恒星星象的运动在一张图像中是很难发现的。

对于对地定向平台，恒星运动就比较快，除了赤经方向每天 0.985 6°的运动外，还有星象的转动。

在望远镜垂直安装时，CCD 的边在恒星背景中做逆时针转动，星象在CCD 图像中就做顺时针转动，转动半径为星象到中心的角距，转动角速度为 360°/平台圈，星象离望远镜中心越远，星象运动的线速度越大。

如果望远镜不是垂直安装，望远镜中心还要绕平台侧面法向做旋转运动，转动半径为安装角，角速度也是 360°/平台圈。安装角越大，望远镜中心运动的线速度越大。

这两种运动的速度较快，如果转动半径为 10°，露光时间为 1s，星象在 CCD 图像上的移动就有 22″了，在图像处理时，我们就可以发现恒星在运动。

对于对日定向和赤道点定向平台，恒星星象的运动与对地定向平台类似，只是平台侧面法向的赤经和赤纬不同而已。

2）目标星象的运动

LEO 目标的星象运动速度请参见第 3 章的表 3-7，视运动角速度大于 200 角秒/秒，星象运动是明显的。

GEO 目标的星象运动速度请参见第 3 章的表 3-12，视运动角速度约为 40 角秒/秒，与 LEO 目标的速度有明显的差别。

当然，由于目标的倾角不同，目标在图像上的运动方向也是不同的，与恒星星象的运动方向也有明显的差别。

6.1.2 动目标的提取

LEO 目标的运动速度较快，动目标的识别比较容易，识别方法与地基探测的方法相同，只是由于视场较大，视场中有几个（有时有数十个）目标，需要对各个目标进行航迹关联，将连续多帧的同一目标放在一起，得到各个目标的连续探测数据。

GEO 目标的运动速度较慢，一般需要多帧处理才能识别动目标。图 6-2[18]

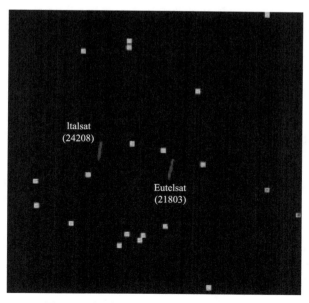

图 6-2 动目标提取示意图（两个动目标）

为 SBV 数据处理时，几张图像的叠加图，此时动目标的星象较长，非常容易与恒星区别。根据目标速度的不同，叠加的图像张数也不同，SBV 处理时，使用 4~16 张图像叠加，才能发现动目标。当然，视场中有多个目标，均需要逐一航迹关联。

对于准惯性定向，恒星星象基本不动，利用两张图像叠加就可进行动目标识别。

经过动目标识别，我们就可以得到目标的 CCD 坐标 (x, y)，航迹关联后，每个目标均可得到 $t_i, x_i, y_i (i = 1, 2, \cdots, n)$。

6.1.3　天文定位

1. 天文定位的基本原理

天文定位是根据 CCD 图像中的目标和背景恒星（定标星）的相对位置，给出目标位置的一种定位方式，它是通过建立定标星的理想坐标 (ζ, η) 和量度坐标 (x, y) 之间的映射关系来实现的。天文定位必须已知某一探测时刻 t 的所有定标星的赤道坐标 (α_i, δ_i) 和量度坐标 (x_i, y_i)，目标的量度坐标 (x_s, y_s) 和望远镜中心的赤道坐标 (α_0, δ_0)。

1）定标星的理想坐标 (ζ, η)

理想坐标系是指在天球切平面上定义的一种直角坐标系。定标星的理想坐标 (ζ_i, η_i) 和其赤道坐标 (α_i, δ_i) 是一一对应的。它的计算公式为

$$\begin{cases} \zeta_i = \dfrac{\cos\delta_i \sin(\alpha_i - \alpha_0)}{\sin\delta_i \sin\delta_0 + \cos\delta_i \cos\delta_0 \cos(\alpha_i - \alpha_0)} \\ \eta_i = \dfrac{\sin\delta_i \cos\delta_0 - \cos\delta_i \sin\delta_0 \cos(\alpha_i - \alpha_0)}{\sin\delta_i \sin\delta_0 + \cos\delta_i \cos\delta_0 \cos(\alpha_i - \alpha_0)} \end{cases} \tag{6-1}$$

式中，(α_0, δ_0) 为望远镜中心的赤经和赤纬。

2）天文定位的 CCD 图像处理模型

在理想坐标和量度坐标之间建立映射关系，常用的是六常数模型：

$$\begin{cases} \zeta_i = a + bx_i + cy_i \\ \eta_i = d + ex_i + fy_i \end{cases} \tag{6-2}$$

3）恒星星表平位置到探测位置的计算

（1）改正自行。探测时刻恒星的赤经和赤纬为

$$\begin{cases} \alpha = \alpha_0^i + \mu_\alpha^i (t - t_0) \\ \delta = \delta_0^i + \mu_\delta^i (t - t_0) \end{cases} \tag{6-3}$$

式中，t 为探测时刻；t_0 为星表历元时刻；(α_0^i, δ_0^i) 为赤经和赤纬；$(\mu_\alpha^i, \mu_\delta^i)$ 为赤经自行和赤纬自行，这些数据均由星表给出。

（2）周年光行差改正。由于观测者（平台）随地球公转运动，使得天体方向发生的变化称为周年光行差。周年光行差使得天体方向向着地球奔赴点方向靠近，光线偏转的角度为

$$\beta = \frac{v}{c} \sin(\alpha - \beta) \doteq 20.496'' \sin \alpha \tag{6-4}$$

式中，v 为地球运动速度；c 为光速；α 为天体真方向与地球奔赴点方向的夹角。

要特别指出的是：在地球公转时，恒星不随地球运动，因此，有周年光行差，而目标却随地球公转，因此，目标没有周年光行差，我们探测到的是恒星视位置，目标是真位置。

如果在天文定位中，恒星改正了周年光行差（真 → 视），则计算出目标位置后，目标就不要改正周年光行差了。如果在天文定位中，恒星没有改正周年光行差，则目标位置必须改正周年光行差（真 → 视）。

（3）平台光行差改正。平台光行差是天基探测才有的光行差，由于平台的运动将发生光线的偏转，光线偏转的角度为

$$\beta = \frac{v}{c} \sin(\alpha - \beta) \doteq 5.124'' \sin \alpha \tag{6-5}$$

式中，v 为平台运动速度；c 为光速；α 为天体真方向与平台奔赴点方向的夹角。

与周年光行差类似，这时恒星和目标均有平台光行差，我们探测到的恒星和目标均是视位置。如果在天文定位中，恒星改正了平台光行差（真 → 视），则计算出目标位置后，目标就要改正平台光行差（视 → 真）。但是，应该记住：这时得到的是平台 t 时刻到目标 $t - \Delta t$ 时刻（时刻不对应）的方向。

当然，我们希望得到时刻对应的方向，即探测时刻要改正（减去）行星光行差：

$$\Delta t = \rho / c$$

式中，ρ 为平台到目标的距离。

可以证明：将探测时刻改为 $t-\Delta t$ ，时刻对应的方向相当于改正一个平台光行差（真 → 视），与改正平台光行差（视 → 真）正好对消，即如果在天文定位中，恒星改正了平台光行差（真 → 视），则计算出目标位置后，目标就不要改正平台光行差了，而且，探测方向就是 $t-\Delta t$ （Δt 将在计算轨道时改正）时刻对应的方向。

4）空间目标位置的归算

若目标的 CCD 坐标为 (x_s, y_s) ，利用式（6-1），就可得到目标的理想坐标 (ζ_s, η_s) 。则目标的天球坐标 (α_s, δ_s) ，可由下式得到

$$
\begin{cases}
\tan(\alpha_s - \alpha_0) = \dfrac{\zeta_s}{\cos\delta_0 - \eta_s \sin\delta_0}, \\
\tan\delta_s = \dfrac{(\eta_s \cos\delta_0 + \sin\delta_0)\cos(\alpha_s - \alpha_0)}{\cos\delta_0 - \eta_s \sin\delta_0}.
\end{cases}
\tag{6-6}
$$

2. 定标星赤经、赤纬的获取

在天文定位中，需要定标星的赤经和赤纬。大家都知道，定标星的赤经和赤纬可以从星表中获取。天基探测可以使用 Tycho-2 星表，该星表给出亮于 12.0 等的 250 万颗恒星（平均密度在银道面上为 $150\,\text{deg}^{-2}$ ，在银极附近为 $25\,\text{deg}^{-2}$ ）的位置，平均精度为 60 mas，坐标系属于国际天球坐标系（ICRS）。

另外，我们计算卫星轨道通常采用轨道坐标系，它与天球中间坐标系（CIGS）基本相同，我们定义的望远镜指向首先是在轨道坐标系中给出的。

现代天文中的坐标系的定义比较复杂，许多细节不便在这里展开，但是，我们需要知道假定某一向量在国际天球坐标系中为 $\vec{n}_{\text{ICRS}}$ ，在轨道坐标系中为 $\vec{r}_{\text{GCRS}}$ ，它们之间的转换关系为

$$
\begin{aligned}
\vec{n}_{\text{ICRS}} &= \boldsymbol{M}_{\text{CIO}}^{-1}(t)\vec{r}_{\text{GCRS}} \\
\vec{r}_{\text{GCRS}} &= \boldsymbol{M}_{\text{CIO}}(t)\vec{n}_{\text{ICRS}}
\end{aligned}
\tag{6-7}
$$

式中，$\boldsymbol{M}_{\text{CIO}}(t)$ 为转换矩阵，与时间 t 有关，它的计算方法请参见文献[1]第二章，国际天文学会 SOFA（基础天文标准）工作组还提供了计算软件[19, 20]。

获取定标星赤经、赤纬的步骤如下：

（1）计算望远镜中心在轨道坐标系的方向 $\vec{k} = \vec{l}_{\text{轨}}$ ，以及 CCD 的 X 轴和 Y 轴方向的单位向量 $\vec{i}$ 和 $\vec{j}$ ：

$$\vec{i} = \frac{\dfrac{\vec{r_0}}{r_0} \times \vec{k}}{\left| \dfrac{\vec{r_0}}{r_0} \times \vec{k} \right|}, \quad \vec{j} = \vec{k} \times \vec{i} \tag{6-8}$$

（2）计算望远镜中心在星表坐标系的方向 $\vec{l}_{赤}$：

$$\vec{l}_{赤} = \boldsymbol{M}_{\mathrm{CIO}}^{-1}(t)\vec{l}_{轨} \tag{6-9}$$

（3）将 $\vec{l}_{赤}$ 化为望远镜中心方向的赤经 α_0 和赤纬 δ_0。

（4）根据望远镜视场，在星表中找出在视场中的恒星 (α_i, δ_i) 和其他星表参数。

（5）将 (α_i, δ_i) 化为单位向量 $\vec{l}_{赤}^i$。

（6）将 $\vec{l}_{赤}^i$ 转换到轨道坐标系：

$$\vec{l}_{轨}^i = \boldsymbol{M}_{\mathrm{CIO}}(t)\vec{l}_{赤}^i \tag{6-10}$$

（7）根据视场内恒星的 $\vec{l}_{轨}^i$ 和 CCD 方向（$\vec{i}$，$\vec{j}$），求出恒星的 CCD 粗略坐标 (x_i^0, y_i^0)：

$$\begin{cases} x_i^0 = \arccos(\vec{l}_{轨}^i \cdot \vec{i}) \times 206\,265 / 像元大小 \\ y_i^0 = \arccos(\vec{l}_{轨}^i \cdot \vec{j}) \times 206\,265 / 像元大小 \end{cases} \tag{6-11}$$

式中，像元大小为一个像元的角度，以角秒（″）为单位，根据 CCD 像元数，判断该恒星是否在视场中。

（8）通过图像处理，在视场中的 (x_i^0, y_i^0) 附近找到星象，求出准确的坐标 (x_i, y_i)。

这样，我们得到了视场中的星象 (x_i, y_i)，以及与其对应的 $(\alpha_i, \delta_i, \mu_\alpha^i, \mu_\delta^i)$，就可以进行天文定位了。

3. 大视场需要注意的问题

天基探测望远镜的视场较大，六参数方法可能精度不够，处理的方法有：

（1）采用十二参数方法。

（2）采用分视场方法，即将大视场分成若干小视场，如将 $20°×20°$ 视场分成 16 个 $5°×5°$ 视场，采用六参数方法就可保证精度。

（3）采用动态小视场方法，即在目标附近，划出一个 $5°×5°$ 视场，利用六参数方法进行天文定位。

6.1.4　模拟天基星空的地面探测

研究图像处理方法对提高探测精度非常重要，但是，我们不能等天基探测图像得到后再研究，最好的方法是：在地面上得到与天基相同的探测星象，先行研究。

与天基相同的探测星象，可以利用一种特殊的望远镜机架得到，这种机架的结构如图 6-3 所示。

图 6-3　地面模拟机架示意图

该望远镜机架采用赤道式，赤经轴有转移钟，转速为 360°/天；原来装望远镜的地方，变成一个轴，轴上装一个支架，望远镜装在支架上，绕轴转动，转动周期为 90~105 分（平台周期）可调。望远镜安装方向与转轴有一个夹角，为–20°~+20°可调。

对于各种平台方法，探测时转移钟均开着，模拟地球自转和轨道面的运动，各种平台方法的设置如表 6-1 所示。

表 6-1　机架的其他设置

平台	望远镜与转轴的夹角	绕轴转动
准惯性定向	0	关
垂直安装	0	开

平台	望远镜与转轴的夹角	绕轴转动
对地定向偏转 β 安装	β	开
对日定向偏转 β 安装	$\beta = -\theta$	开
赤道点定向偏转 β 安装	β	开

6.2　轨　道　关　联

假定某一个目标的图像处理结果为

$$临时编号,\quad t_i, \alpha_i, \delta_i \quad (i = 1, 2, \cdots, n)$$

利用这些数据时，由于弧段短无法进行精密定轨。因此，我们首先需要确认探测到的空间目标的身份，即确定该目标的国际编号，进而从数据库中找出该目标的历史探测数据，与这次数据一起进行精密定轨，完成目标轨道的更新。

轨道关联是根据空间目标轨道理论，建立起探测数据与目标轨道之间的对应关系的一种方法，轨道关联是空间目标编目的核心内容。

轨道关联在地面数据处理中心完成，其主要工作包括：初选可见的目标集合、已知目标的轨道关联和 UCT（未关联目标）数据处理——新目标的发现和捕获。

下面，我们简单介绍这些内容。

6.2.1　初选可见的目标集合

对于任何一组探测数据 $t_i, \alpha_i, \delta_i (i = 1, 2, \cdots, n)$，当然可以直接与轨道数据库的每一组轨道进行比较，完成数据关联。但是，由于 LEO 目标数量很多，关联工作量巨大，因此，我们需要选出一个目标较少的目标集合，数据关联只对这个集合中的目标进行比较，这样可以节省大量的关联时间。

选择这样的目标集合的最直观的方法是：选出所有在 $t_1 \sim t_n$ 时段内有可能在望远镜视场中出现的目标，这样，我们就需要对每一个目标、每一个探测时刻 t_i 进行选择，这种方法不可避免地出现重复选择，不是很好的方法。

对于任何时刻 t，可能出现在望远镜视场中的目标是确定的，与探测数据没有关系。因此，我们可以在数据关联前，就选好这样的目标集合。具体方法为：对探测日期的每一分钟 t_n，选出有可能出现在视场中的目标集合

$$jh_0, jh_1, jh_2, \cdots, jh_{1440}$$

对于轨道关联来说，必须记住数据库中的轨道是有误差的，需要保证找出的目标集合内含有探测的目标。

对探测日期的每一分钟确定这个集合的过程称为可见目标集合的初选。初选可见目标集合的条件为：目标在望远镜视场内。

假定 t_n 时刻的望远镜方向的单位向量为 $\vec{W}$（可按第 3 章 3.6 节的方法计算），t_n 时刻的平台和目标的地心向量分别为 $\vec{r_0}$ 和 $\vec{r}$，望远镜视场为 L 度×M 度，则目标在望远镜视场内的条件为

$$\vec{W} \cdot \frac{\vec{r} - \vec{r_0}}{|\vec{r} - \vec{r_0}|} > \cos\sqrt{L^2 + M^2}$$

考虑到目标轨道有误差，必须将视场扩大，如 45°（可按目标轨道的误差调节），于是目标初选条件就为

$$\vec{W} \cdot \frac{\vec{r} - \vec{r_0}}{|\vec{r} - \vec{r_0}|} > \frac{\sqrt{2}}{2} \tag{6-12}$$

满足式（6-12）条件的目标，记入初选目标集合。

对于 GEO 目标，初选的条件还可以简单一些，由于 GEO 目标的可见区域的中心与反日点的赤经相同。因此，初选可以用 t_n 时刻的目标赤经 α 来选择：

$$|\alpha - \alpha_\odot| \leqslant L + \Delta \tag{6-13}$$

式中，L 为视场长边；$\alpha \doteq \Omega + M + \omega$。这里，$t_n$ 时刻的 Ω, M, ω 为目标的轨道根数；Δ 为调节参数，包括 $\alpha \doteq \Omega + M + \omega$ 的近似误差和目标轨道的误差，一般设为 2° 即可。

6.2.2　已知目标的轨道关联

通过图像处理，我们得到某个目标的探测数据 $t_i, \alpha_i, \delta_i (i = 1, 2, \cdots, n)$。通过可见目标的初选，我们得到了包含该目标的目标集合 jh_t（探测中间时刻的目标集合）。下面，我们讨论如何最终确定该目标的身份。

设探测数据为 $t_i, \alpha_i, \delta_i (i = 1, 2, \cdots, n)$，$n$ 为探测点数，将探测数据转换为

单位矢量 $\{t_i, \bar{l}_{\overset{i}{\text{赤}}}\}$：

$$\bar{l}_{\overset{i}{\text{赤}}} = \begin{pmatrix} \cos\delta_i \cos\alpha_i \\ \cos\delta_i \sin\alpha_i \\ \sin\delta_i \end{pmatrix} \qquad (6\text{-}14)$$

并将探测向量 $\bar{l}_{\overset{i}{\text{赤}}}$ 转换到轨道坐标系：

$$\bar{l}_{\overset{i}{\text{轨}}} = \boldsymbol{M}_{\text{CIO}}(t)\bar{l}_{\overset{i}{\text{赤}}} \qquad (6\text{-}15)$$

对于 jh_t 内的每一个目标，与每个探测资料，建立探测方程：

$$\bar{r}_i = \bar{r}_{0i} + \rho_i \cdot \bar{l}_{\overset{i}{\text{轨}}} \qquad (6\text{-}16)$$

式中，$\bar{r}_{0i}$ 为 t_i 时刻平台的地心向量，可以用平台的轨道根数计算，ρ_i 为平台到目标的距离，可用式（6-17）计算：

$$\begin{cases} \rho_i = \sqrt{r_i^2 - r_{0i}^2 \sin^2 z_i} - r_{0i} \cos z_i \\ r_{0i} \cos z_i = l_{\overset{i}{\text{轨}}} \cdot \bar{r}_{0i} \\ r_{0i}^2 \sin^2 z_i = r_{0i}^2 - r_{0i}^2 \cos^2 z_i \end{cases} \qquad (6\text{-}17)$$

式中，r_i, r_{0i} 分别为目标和平台的地心距，用目标和平台的轨道根数计算。

将式（6-16）计算的 $\bar{r}_i$ 做坐标变换，变换到 X 轴指向轨道升交点，Z 轴指向轨道面法向，X、Y、Z 轴组成右手系的坐标系中，即

$$\bar{r}_{Ni} \equiv \begin{pmatrix} x_i \\ y_i \\ z_i \end{pmatrix} = R_x(i) R_z(\Omega) \bar{r}_i \qquad (6\text{-}18)$$

这里，i, Ω 分别为已知目标的倾角和升交点赤经，R_x, R_z 分别为坐标变换的旋转矩阵，于是有

$$\begin{aligned} u_i &= \arctan(y_i / x_i) \\ \Delta T_i &= (\lambda_{0i} - \lambda_i) / n \\ \Delta\theta_i &= \arcsin(z_i / r_i) \end{aligned} \qquad (6\text{-}19)$$

式中，λ_{0i} 由 u_i 换算而得，对应于探测方程式（6-16）；$\lambda_i = M_i + \omega_i$ 为 t_i 时刻的目标平经度，对应于 t_i 时刻的目标轨道根数；n 为目标的平运动；r_i 为目标的地心距。

探测数据可以形成两个误差序列 $\{\Delta T_i\}$ 和 $\{\Delta\theta_i\}$，ΔT_i 表示时间差，$\Delta\theta_i$ 表示轨道面差。在较短的探测时间内，ΔT_i 和 $\Delta\theta_i$ 可以表示为时间的线性函数，即

$$\begin{cases} \Delta T_i = a_0 + a_1(t_i - t_0) + \xi_i \\ \Delta \theta_i = b_0 + b_1(t_i - t_0) + \eta_i \end{cases} \tag{6-20}$$

通过稳健估计方法求解上述方程组，得到四个系数 a_0，a_1，b_0，b_1，这四个关联系数的物理意义为：① a_0 反映初始轨道不准和大气阻力摄动误差引起的沿迹差；② a_1 反映目标速度的误差，包括轨道周期、偏心率和近地点辐角不准引起的误差；③ b_0 反映轨道升交点赤经的误差；④ b_1 反映倾角的误差。

当 a_1，b_0，b_1 同时满足一定门限时，即：

$$|a_1| \leqslant S_{a_1}, \quad |b_0| \leqslant S_{b_0}, \quad |b_1| \leqslant S_{b_1} \tag{6-21}$$

式中的门限，通常情况下可采用如下数值：

$$S_{a_1} = 1 秒/分, \quad S_{b_0} = 0.3 度, \quad S_{b_1} = 0.1 度/分 \tag{6-22}$$

满足式（6-21）的目标，可判别探测数据可能属于该目标。当探测数据与目标集合中的所有目标比较完毕后，轨道关联可能出现以下三种结果：

（1）在已知目标轨道数据库中，仅有一个目标和探测数据关联，此时，将探测数据标识为该目标编号并入库。

（2）在已知目标轨道数据库中，没有任何目标和探测数据关联，此时，将探测数据标识为新目标，进行后续新目标的轨道关联流程。

（3）在已知目标轨道数据库中，存在多个目标和探测数据关联，说明自动关联失败。地面探测数据编目的经验告诉我们，出现这种情况不会只有一个目标，总是几个目标同时出现的。例如，两组数据对应两个目标，由于目标轨道误差和门限问题，无法正确判别数据和目标的对应关系。这时，处理方法有以下两种。

（1）比较 a_0 方法。选择 a_0 最小的目标作为数据的关联目标。

（2）轨道改进方法。将以上关联方法嵌入轨道改进程序，也可自动判别数据和目标的对应关系，当然，这个过程比较复杂，也需要有经验的分析师。

通过以上关联，弧长大于 10 秒的 90% 以上的探测数据均可得到关联，没有关联的数据称为 UCT（未关联目标）数据。

6.2.3　UCT 数据处理——新目标的发现和捕获

没有关联的探测数据，由于其中包含有重要的新目标、变轨目标，有重要的空间态势变化信息，因此，UCT 数据处理非常重要。

UCT 数据处理的主要步骤如下。

1. 探测数据的初轨计算

UCT 数据处理的第一步，是计算初轨。

最常用的初轨计算方法是 Laplace 方法，该方法由探测数据 $t_i, \vec{l}_i$ 计算 t_0 时刻目标的地心向量 $\vec{r}_0$ 和速度向量 $\dot{\vec{r}}_0$，得到目标轨道根数，其基本原理如下。

$$\vec{r} = \rho \vec{l} + \vec{R}$$
$$\vec{r} = f \vec{r}_0 + g \dot{\vec{r}}_0 \tag{6-23}$$

式中，$\vec{R}$ 为平台坐标；f 和 g 为天体力学中的 f，g 级数，它们的封闭表达式为

$$\begin{cases} f = 1 - \dfrac{a}{|\vec{r}_0|}(1 - \cos \Delta E), \\ g = \Delta t - \dfrac{1}{n}(\Delta E - \sin \Delta E) \end{cases} \tag{6-24}$$

式中，$\Delta E = E - E_0$，在已知轨道某个初值的前提下，可由式（6-25）迭代计算：

$$\Delta E = n\Delta t + \left(1 - \frac{r_0}{a}\right)\sin \Delta E - \frac{r_0 \dot{r}_0}{na^2}(1 - \cos \Delta E) \tag{6-25}$$

式中，$\Delta t = t - t_0$，是已知量；第一次迭代时，$\Delta E = n\Delta t$。

式（6-23）两端相等得到计算初轨的基本方程：

$$\rho \vec{l} + \vec{R} = f \vec{r}_0 + g \dot{\vec{r}}_0 \tag{6-26}$$

式（6-26）两端分别点乘与 $\vec{l}$ 相垂直的向量 $\vec{A}$ 和 $\vec{h}$，得到计算初轨的条件方程：

$$\begin{cases} f(\vec{r}_0 \cdot \vec{A}) + g(\dot{\vec{r}}_0 \cdot \vec{A}) = 0, \\ f(\vec{r}_0 \cdot \vec{h}) + g(\dot{\vec{r}}_0 \cdot \vec{h}) = \vec{R} \cdot \vec{h} \end{cases} \tag{6-27}$$

式中，$\vec{A}$ 和 $\vec{h}$ 的定义为

$$\begin{cases} \vec{A} = \dfrac{\vec{l} \times \vec{R}}{\left| \vec{l} \times \vec{R} \right|} \\ \vec{h} = \vec{A} \times \vec{l} \end{cases} \qquad (6\text{-}28)$$

假如已知目标的轨道初值，就可以计算级数 f 和 g 的初值，条件方程法化后，可求出 $\vec{n}$ 和 $\dot{\vec{n}}$，得到一组新的轨道根数，级数 f 和 g 可重新计算。如此迭代，收敛后即可得到探测数据对应的轨道根数。

由于短弧定轨有 (a,e) 相关问题，在弧长短于 5 分钟时，得到的初轨精度不高。鉴于 LEO 目标的偏心率很小（大多数小于 0.003），因此，我们建议采用圆轨道初轨计算方法：假定目标的轨道是圆轨道，初轨计算可简化为轨道半长径 a 的一维优选问题，只需已知两个测角资料，就可以计算初轨。

优选法的参数为轨道半长径 a，优选的目标函数可定义为

$$\Delta n = \left| n_1 - n_2 \right| \qquad (6\text{-}29)$$

式中，

$$n_1 = \sqrt{\frac{\mu}{a^3}}, \quad n_2 = \frac{\Delta u}{\Delta t}\left[1 + \frac{3J_2}{4a^2}\left(6 - 8\sin^2 i \right) \right] \qquad (6\text{-}30)$$

式中，μ 为地球引力场常数；J_2 为地球二阶球函数；u 为纬度角。

假设两个探测资料为 $\{t_1, \alpha_1, \delta_1\}$ 和 $\{t_2, \alpha_2, \delta_2\}$，则两个探测数据的单位向量分别为

$$\vec{l}_1 = \begin{pmatrix} \cos\delta_1 \cos\alpha_1 \\ \cos\delta_1 \sin\alpha_1 \\ \sin\delta_1 \end{pmatrix}, \qquad \vec{l}_2 = \begin{pmatrix} \cos\delta_2 \cos\alpha_2 \\ \cos\delta_2 \sin\alpha_2 \\ \sin\delta_2 \end{pmatrix} \qquad (6\text{-}31)$$

给定目标的半长径 a，目标函数计算过程如下。

1）计算目标的地心向量 $\vec{r}_1, \vec{r}_2$

$$\vec{r}_i \equiv \begin{pmatrix} x_i \\ y_i \\ z_i \end{pmatrix} = \rho_i \vec{l}_i + \vec{R}_i \quad (i = 1,2) \qquad (6\text{-}32)$$

$$\begin{cases} \rho_i = \sqrt{a^2 - \left| \vec{R}_i \right|^2 \sin^2 z_i} - \left| \vec{R}_i \right| \cos z_i \\ \left| \vec{R}_i \right| \cos z_i = \vec{l}_i \cdot \vec{R}_i \\ \left| \vec{R}_i \right|^2 \sin^2 z_i = \left| \vec{R}_i \right|^2 - \left(\left| \vec{R}_i \right| \cos z_i \right)^2 \end{cases} \qquad (6\text{-}33)$$

式中，$\vec{R}_i$ 为平台位置向量；z_i 为目标相对平台的天顶距。与地面探测不同的

是，天基探测时，半长径初值如果选择不当，可能造成 $a^2 - \left| \bar{R}_i \right|^2 \sin^2 z_i < 0$，因此，天基探测数据计算初轨时，半长径 a 的初值应满足 $a^2 > \left| \bar{R}_i \right|^2 \sin^2 z_i$。

2）计算目标轨道面及 Δu

$$\Delta u = \arccos\left(\frac{\bar{n} \cdot \bar{r}_2}{a^2} \right) \qquad (6\text{-}34)$$

$$\bar{N} \equiv \begin{pmatrix} N_1 \\ N_2 \\ N_3 \end{pmatrix} = \bar{n} \times \bar{r}_2 \qquad (6\text{-}35)$$

$$i = \arccos\left(\frac{N_3}{a^2 \sin \Delta u} \right) \qquad (6\text{-}36)$$

$$\Omega = \arctan\left(\frac{N_1}{-N_2} \right) \qquad (6\text{-}37)$$

$$u_1 = \arccos[(x_1 \cos \Omega + y_1 \sin \Omega) / a] \qquad (6\text{-}38)$$

$$u_2 = \arccos[(x_2 \cos \Omega + y_2 \sin \Omega) / a] \qquad (6\text{-}39)$$

半长径的优选法可采用最简单的爬山法，a 的初值应满足 $a^2 > \left| \bar{R}_i \right|^2 \sin^2 z_i$（根据 3.4.1 节，要使探测数据均自动满足此条件，只要迭代初值满足即可），步长可取 0.02，对分 8 次即可收敛，得到近圆假设下的目标初始轨道。

2. UCT 数据处理的核心问题

通过上节的处理，所有 UCT 不仅有探测数据，而且有对应的初轨。UCT 数据的数量是很大的，假定有 N 组，我们必须在这些数据中找到那些数据是属于同一目标的，并确定其轨道，这就是 UCT 数据处理的核心问题。

假定我们任选两组数据（含初轨），判断它们属于同一目标的方法有：

1）数据与轨道的判别法

该方法就是将一组初轨当做已知轨道，判别另一组数据是否属于该目标，方法同 6.2.2 节。

2）初轨判别法

假定两目标的初轨为 t_1，σ_1：$a_1, e_1, i_1, \Omega_1, w_1, M_1$ 和 t_2，σ_2：$a_2, e_2, i_2, \Omega_2, w_2, M_2$。两目标属于同一目标的判别过程如下。

（1）轨道面一致和地面高度相近。

$$\Delta i = |i_2 - i_1| \leqslant 1°$$

$$\Delta \Omega = \left| \Omega_1 + \frac{\mathrm{d}\Omega_1}{\mathrm{d}t}(t_2 - t_1) - \Omega_2 \right| \leqslant 1° \qquad (6\text{-}40)$$

$$|a_1 - a_2| \leqslant 80\,\mathrm{km}$$

式中，$\dfrac{\mathrm{d}\Omega_1}{\mathrm{d}t} = -\dfrac{3J_2 n_1}{2p_1^2}\cos i_1$，$n_1 = \sqrt{\mu/a_1^3}$，$p_1 = a_1(1-e_1^2)$，$J_2 = 0.001\,082\,636$，$\mu$ 为地球引力场常数。

（2）时间间隔与轨道周期相一致。

将两组根数化到相同的 $\lambda = \lambda^*$ $\left(\text{一般}\ \lambda^* = \dfrac{1}{2}(\lambda_1 + \lambda_2)\right)$，则

$$T_1 = t_1 + \frac{\lambda^* - \lambda_1}{n_1},\ T_2 = t_2 + \frac{\lambda^* - \lambda_2}{n_2}$$

这时，T_1 和 T_2 之间就是目标运行 k（整数）圈的时间。根据 n_1（或 n_2）可以猜测 k，于是就可得到目标的周期，经换算得到目标较正确的 a（可作为轨道改进的初值）。如果这两组数据属于同一目标，则对于偏心率小于 0.01 的目标，有

$$|a_1 - a| \leqslant 0.01a,\quad |a_2 - a| \leqslant 0.01a \qquad (6\text{-}41)$$

同时满足式（6-40）和式（6-41）的两组数据就可判别为同一目标。

3. UCT 处理的主要困难

UCT 处理的主要困难有：

（1）工作量十分巨大，关联必须进行 C_N^2 组猜测和判别，当 N 较大（如空间目标解体）时，工作量很大，数据处理中心的大型计算机也可能来不及计算。

（2）短弧定出的初轨精度较低，特别是天基探测的数据没有测距数据，初轨的精度更差，式（6-40）、式（6-41）的门限只能较宽，可能是选出的目标不是同一目标，也可能是给定轨道改进的初值不够精确（k 猜得不对），落在轨道改进的收敛半径之外，使得轨道改进不收敛。

（3）不可避免出现的误码引起的数据粗差也会造成关联失败。

（4）在 $t_2 - t_1$ 较大时，k 不能唯一选择，产生整圈不确定的问题。

（5）不管望远镜的探测能力如何，总有一些目标（如姿态不稳定的碎片）在探测极限附近，使得它有时看得见，有时看不见，$t_2 - t_1$ 变大而不能

正确关联，长期不能关联的目标将会"丢失"。

（6）当$t_2 - t_1$达到一定长度Δt时，由于编目所用的力学模型精度较低，只能放弃这些数据。LEO 目标的Δt一般不会超过 30 天，GEO 目标不会超过 60 天，在实际工作中，由于计算机速度的限制，Δt只能更短。

（7）人工关联时，分析师也不是万能的，也会犯错误，特别是对于天基探测数据，均没有处理经验，可能会碰到新问题。

这些问题，必须通过实践才能解决，还需要研制一些辅助软件，帮助分析师判断。

4. 目标轨道的确认

将通过门限判别的两组数据放在一起，给定合适的初值（a用T_1、T_2和k换算得到的数值）进行轨道改进（如果弧段短，改进时可固定一些参数），如果轨道改进收敛好，就可以得到新目标的轨道。如果k猜得不对，轨道改进不收敛，可以重猜，直至轨道改进收敛。

如果用这组根数，作预报探测到了目标，这时才能说该目标捕获了。

当然，新目标的捕获是人工关联，这时需要有经验的分析师。

6.3　天基探测数据编目的精度估计

下面我们利用模拟计算来估计天基探测的定轨精度，即轨道数据库的更新精度。

模拟计算时，假定平台轨道高度为 800 km，偏心率近似为零，降交点地方时为 6 时，计算了 01883 和 01317 两个目标的模拟探测数据。其中，01883 为 LEO 目标，01317 为 GEO 目标，这两个目标的轨道基本参数如表 6-2 所示。探测数据的时段和弧长如表 6-3 和表 6-4 所示。探测误差分 2″、5″和 10″三种情况，利用加上随机误差的探测数据定轨，平台轨道没有加误差，每个目标模拟定轨 100 次，再与正确轨道比较，统计每次定轨的全弧段的位置中误差，统计结果如图 6-4 和图 6-5 所示。

表 6-2　目标轨道基本参数

目标编号	近地点/km	远地点/km	倾角/(°)	平台参数
01883	549	587	32.1	对地定向、20°×20°视场
01317	35 753	35 795	1.6	准惯性定向、40°×20°视场

表 6-3　目标 01883 探测数据分布

圈次	探测开始时刻						探测结束时刻			弧长/s
	年	月	日	时	分	秒	时	分	秒	
1	2015	12	23	01	34	20.000	01	36	7.000	107
2	2015	12	23	03	13	28.000	03	14	28.000	60
3	2015	12	24	07	53	11.000	07	53	59.000	48
4	2015	12	24	09	32	16.000	09	33	59.000	103
5	2015	12	24	11	11	31.000	11	12	28.000	57
6	2015	12	25	15	51	06.000	15	51	45.000	39
7	2015	12	25	17	30	17.000	17	31	48.000	91
8	2015	12	25	19	09	41.000	19	10	34.000	53
9	2015	12	26	23	49	4.000	23	49	16.000	12

表 6-4　目标 01317 探测数据分布

圈次	探测开始时刻						探测结束时刻			弧长/min
	年	月	日	时	分	秒	时	分	秒	
1	2015	12	20	05	12	54.000	05	52	36.000	49.7
2	2015	12	20	06	26	14.000	07	08	4.000	41.8
3	2015	12	21	04	31	18.000	04	36	26.000	5.1
4	2015	12	21	04	49	8.000	05	07	34.000	8.4
5	2015	12	21	05	47	10.000	06	22	18.000	35.8
6	2015	12	21	07	02	28.000	07	19	60.000	17.5
7	2015	12	21	07	34	34.000	07	38	22.000	3.8
8	2015	12	22	05	01	56.000	05	43	18.000	41.4
9	2015	12	22	06	16	52.000	06	57	4.000	40.2
10	2015	12	23	04	21	12.000	04	22	20.000	1.2
11	2015	12	23	04	40	32.000	04	56	16.000	5.7
12	2015	12	23	05	37	44.000	06	13	14.000	35.5
13	2015	12	23	06	51	26.000	07	13	6.000	21.7
14	2015	12	23	07	19	4.000	07	28	40.000	9.6

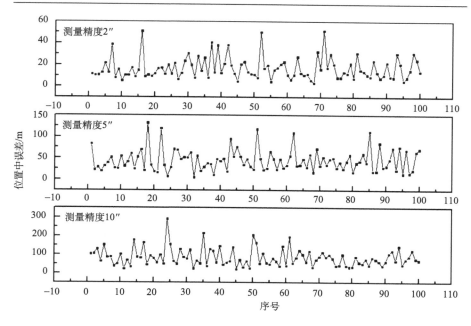

图 6-4　LEO 目标（01883）的位置中误差

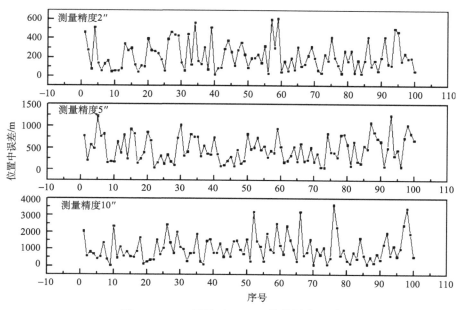

图 6-5　GEO 目标（01317）的位置中误差

由图 6-4 和图 6-5 可见，定轨精度（位置中误差）基本与探测误差成正比，LEO 目标的定轨精度分别是 20 m、50 m 和 100 m，GEO 目标的定轨精度分别是 200 m、500 m 和 1 000 m。

应该说明：

（1）这次模拟计算，我们选择的目标数据较多，数据较少时，定轨精度要差一些。

（2）以上结果是模拟计算的理想结果，实际情况要差得多，根据我们的经验，实际定轨精度要比模拟定轨精度差 5 倍。

根据以上分析，LEO 目标五天弧（3 升 3 降，探测精度 10″）定轨精度约为 500~600 m，GEO 目标五天弧（探测精度 5″）的定轨精度约为 2 500~3 000 m。这个精度与美国 TLE（双行根数）的精度相当。

参 考 文 献

[1] 吴连大. 人造卫星与空间碎片的轨道和探测. 北京: 中国科学技术出版社, 2011.

[2] Hackett J, Brisby R, Smitha K. Overview of the Sapphire payload for space surveillance. Proc. SPIE, 2012, 8385: W-1-10.

[3] Andor T. OGY Scientific Digital Camera Solutions, 2006.

[4] 《数学手册》编写组. 数学手册. 北京: 高等教育出版社, 1979: 1356-1357.

[5] Harrison D C, Chow J C. The space-based visible sensor. Johns Hopkins APL Technical Digest, 1996, 17(2): 226-236.

[6] Stokes G H, von Braun C, Sridharan R, et al. The space-based visible program. Lincoln Laboratory Journal, 1998, 11(2): 205-238.

[7] Sharma J, Stokes G H, von Braun C, et al. Toward operational space-based space surveillance. Lincoln Laboratory Journal, 2002, 13(2): 309-334.

[8] Scott R L, Wallace B, Bedard D. Space-based observations of satellites from the MOST microsatellite. Canada: Defence R&D Canada, 2006.

[9] Maskell P, Oram L. Sapphire: Canada's answer to space-based surveillance of orbital objects. Advanced Maui Optical and Space Surveillance Conference, Hawaii, 2008.

[10] Wallace B, Pinkney F L, Scott R, et al. The near earth object surveillance satellite(NEOSSat). Proc. SPIE, 2004, 5578: 1-7.

[11] Wallace B, Scott R, Bedard D, et al. The near-earth orbit surveillance satellite. Proc. SPIE, 2006, 6265: 1-9.

[12] The Boeing Company. Space based space surveillance revolutionizing space awareness[EB/OL]. 2016, 08: 20.

[13] SBSS(Space-Based Surveillance System). http: //www. boeing. com/assets/pdf/defense-space/space/satellite/MissionBook. pdf.

[14] Flohrer T, Peltonen J, Kramer A, et al. Space-based optical observations of space debris. Proceedings of the Fourth European Conference on Space Debris, Germany, 2005.

[15] Flohrer T, Krag H, Klinkrad H, et al. Feasibility of performing space surveillance tasks with a proposed space-based optical architecture. Advances in Space Research, 2011, 47(6): 1029-1042.

[16] Morris K, Wolfson M, Brown J. CubeSat integration into the space situational awareness architecture. Advanced Maui Optical and Space Surveillance Conference, Hawaii, 2013.

[17] Morris K, Rice C, Little E. Relative cost and performance comparison of GEO space situational awareness architectures. Advanced Maui Optical and Space Surveillance

Conference, Hawaii, 2014.

[18] Gaposchkin E M, Curt von B, Sharma J. Space-based space surveillance with the space-based visible. Journal of Guidance, Control, and Dynamics, 2000, 23(1): 148.

[19] SOFA 工作组. SOFA Astronomy Livrary. 2006.

[20] IAU Standards Of Fundamental Astronomy. SOFA Tools for Earth Attitude. 2007. http: //www. iau-sofa. rl. ac. uk/.

附录 1 地基望远镜的探测能力计算程序

启动本程序，即可计算地基望远镜的探测星等、露光时间和探测目标的尺寸。

说明：

（1）望远镜的参数不同，则需要在程序中修改参数；

（2）输出结果不同，则需要修改相应语句；

（3）修改后，重新编译再启动即可；

（4）输出结果，如第 2 章的表 2-4~表 2-6 存放在 WYJ.RST 文件之中。

```fortran
program wyj
real*8 hh(13),mu,pi,rd,re,gamma,d,f,rr,beta,eta,qe,l,sky,n,kk,&
A,h,r,z
real*8 pro,v,t,t1,psky,m,pobj,xzb,mm(13),xg,secz,mxg,kb
data hh/300,400,500,600,700,800,900,1000,1200,1400,1600,1800,2000/
mu=398600.0d0
pi=3.14159265358973d0
rd=57.295779513d0
re=6378.14d0
open(unit=2,file='wyj.rst',status='unknown')
!以下是望远镜参数，如参数不同，需要修改
  d=15.0d0        !望远镜口径（cm）
  f=15.4d0        !焦距（cm）
  rr=16.0d0       !能量集中度（微米）
  eta=0.75d0      !光学透过率
  gamma=0.7       !大气透过率
  qe=0.58d0       !CCD量子效率
  l=16.0d0        !像元尺寸（微米）
  sky=19.0d0      !测站天光（星等）
  n=5.0d0         !CCD读出噪声（电子）
  kb=1.0d0        !望远镜个数（一般为1）
print *,d,f,rr,eta,gamma,qe,l,sky,n,kb
write(2,*) d,f,rr,eta,gamma,qe,l,sky,n,kb
```

```
kk=2.0*rr/l
A=1/f*20.6265
print 101,(int(hh(j)),j=1,13)
write(2,101)(int(hh(j)),j=1,13)
101 format(4x,13(i5))
do jj=75,15,-10
z=(90-jj)/rd
secz=1.0/cos(z)
xg=-2.5*log10(0.7)*(secz-0.018167*(secz-1.0)&
-0.002875*(secz-1.0)**2-0.0008083*(secz-1.0)**3)
do j=1,13
h=hh(j)
r=re+h
pro=sqrt(r*r-re*re*sin(z)*sin(z))-re*cos(z)
v=sqrt(mu/r)/pro*206265.0*sqrt(1.0-re*re*sin(z)*sin(z)/r/r/2.0)
t=(kk+1)*A/v
t1=2.0*kk*A/v
psky=pi/4.0*d*d*eta*gamma*3.4e6*2.512**(-sky)*t1*qe*A*A
do i=180,50,-1
m=i/10.0
mxg=m+xg
call lrbeta(l,rr,beta)
pobj=pi/4.0*d*d*eta*gamma*3.4e6*2.512**(-mxg)*t*qe*beta
xzb= pobj/sqrt(pobj+psky+n*n)*sqrt(kb)
if(xzb.ge.4.0)then

!以下三行只能选择一行
!mm(j)=m              ! 输出星等
mm(j)=t*1000        ! 输出露光时间
!mm(j)=10.0d0**((-m+2.71d0)/5.0d0)*pro   ! 输出探测目标尺寸
goto 10
endif
enddo
10 continue
enddo
print 100,jj,mm
write(2,100)jj,mm
100 format(I3,13(f6.1))
enddo
end
```

```fortran
subroutine lrbeta (l,r,beta)        !计算光分散因子β子程序
real*8 l,r,sigma,beta,p (25) ,pai
data  p/0.5398,0.5793,0.6176,0.6554,0.6915,0.7257,0.7580,0.7881,&
0.8159,0.8413,0.8643,0.8849,0.9032,0.91924,0.93319,0.94520,&
0.95543,0.96407,0.97126,0.97725,0.98214,0.98610,0.98928,&
0.991802,0.99379/
sigma=r/1.28
x=10*l/sigma
if (x.ge.30) then
pai=1.0
else
n=int (x)
pai=p (n) + (p (n+1) -p (n) ) * (x-n)
endif
beta= (2*pai-1) /4.0
return
end
```

附录2 天基望远镜的近地轨道探测能力计算程序

启动本程序，输入平台高度，可以计算天基望远镜的目标距离、角速度、探测星等、探测目标尺寸、目标露光时间。

说明：

（1）望远镜参数不同，则需要在程序中修改参数；

（2）输出结果不同，则需要修改相应语句；

（3）修改后，重新编译再启动即可；

（4）输出结果，如第 3 章的表 3-6~表 3-11 存放在 RESULT.DAT 文件之中。

```fortran
program wyjtj
real *8 a,b,re,pi,rd,r0,r,mu,p,v,t,coseps,h0,aa,x
real *8 hh(12),d,f,rr,eta,qe,l,sky,n,kb,MM(12)
real *8 t1,psky,pobj,xg,xy,xzb,beta,mxg,kk
data hh/400,500,600,700,800,900,1000,1200,1400,1600,1800,2000/
pi=3.141592653589793d0
rd=180.0d0/pi
re=6378.136d0
mu=398600.5d0
!望远镜参数，如果不同，需要修改
a=10.0d0/rd            !望远镜视场（度）
d=15.0                !望远镜口径（cm）
f=15.4                !望远镜焦距（cm）
rr=16.0               !能量集中度（微米）
eta=0.75              !光学透过率（微米）
gamma=1.0             !空间透过率（恒为1）
qe=0.58               !CCD量子效率
l=16.0                !CCD像元尺寸（微米）
sky=21.5              !天基天光
n=5.0                 !CCD读出噪声（电子）
kb=1.0                !望远镜个数（一般为1）
open(unit=1,file='result.dat',status='unknown')
```

```
print *,d,f,int (rr),eta,qe,l,sky,int (n),int (kb)
kk=2.0*rr/l
AA=l/f*20.6265
print *, 'PLS INPUT h0'
read (*,*) h0
r0=re+h0
b=acos ( (re+350)/r0)-a
print *,a*rd,b*rd
print 101, int (hh)
write (1,101) int (hh)
101 format (6x,12 (i6))
do ii=-5,5
do i=1,12
r=re+hh (i)
x=b+ii*a/5.0d0
if ( (r.le.r0) .and. ( (r0*cos (x) .ge.r) .or. (x.le.0)) ) then
p=0
v=0
t=0
else
p=sqrt (r*r-r0*r0*cos (x) *cos (x)) +r0*sin (x)
coseps= (r*r-r0*r0+p*p) /2/r/p
v=sqrt (mu* (coseps*coseps/r+1.0d0/r0)) /p*206265
t= (kk+1) *aa/v
t1=t
psky=pi/4.0*d*d*eta*gamma*3.4e6*2.512** (-sky) *t1*qe*aa*aa
call lrbeta (l,rr,beta)
do j=180,50,-1
mxg=j/10.0
pobj=pi/4.0*d*d*eta*gamma*3.4e6*2.512** (-mxg) *t*qe*beta
xzb= pobj/sqrt (pobj+psky+n*n) *sqrt (kb)
if (xzb.ge.4.0) then
xg=mxg
xy=10.0d0** ( (-mxg+1.61d0) /5.0d0) *p
goto 10
endif
enddo
10 continue
! 输出结果选择
```

```
!mm（i）=p                    ! 输出目标距离
mm（i）=v                     ! 输出角速度
!mm（i）=t*1000              ! 输出露光时间
!mm（i）=xg                   ! 输出探测星等
!mm（i）=xy                   ! 输出目标尺寸
endif
enddo
print 100, x*rd,int（mm）              !输出目标距离，角速度和露光时间
write（1,100）x*rd,int（mm）
!print 100, x*rd,mm                     !输出探测星等和目标尺寸
!write（1,100）x*rd,mm
enddo
100 format（1x,f5.2,12i6）             !输出目标距离，角速度和露光时间
!100 format（1x,f5.2,12f6.1）          !输出探测星等和目标尺寸
end

subroutine lrbeta（l,r,beta）!计算光分散因子β子程序
real*8 l,r,sigma,beta,p（25）,pai
data p/0.5398,0.5793,0.6176,0.6554,0.6915,0.7257,0.7580,&
0.7881,0.8159,0.8413,0.8643,0.8849,0.9032,0.91924,0.93319,&
0.94520,0.95543,0.96407,0.97126,0.97725,0.98214,0.98610,&
0.98928,0.991802,0.99379/
sigma=r/1.28
x=10*l/sigma
if（x.ge.30）then
pai=1.0
else
n=int（x）
pai=p（n）+（p（n+1）-p（n））*（x-n）
endif
beta=（2*pai-1）/4.0
return
end
```

附录 3   天基望远镜的地球同步轨道探测能力计算程序

启动本程序，输入平台高度，可以计算天基望远镜的目标距离、角速度、探测星等、探测目标尺寸、目标露光时间。

说明：

（1）望远镜参数不同，则需要在程序中修改参数；

（2）修改后，重新编译再启动即可；

（3）输出结果，如第 3 章的表 3-12 存放在 RESULT.DAT 文件之中。

```
program wyjtjgeo
real *8 a,re,pi,rd,r0,r,mu,p,v,t,coseps,h0,aa,x
real *8 d,f,rr,eta,qe,l,sky,n,kb,kk
real *8 t1,psky,pobj,xg,xy,xzb,beta,mxg
pi=3.141592653589793d0
rd=180.0d0/pi
re=6378.136d0
mu=398600.5d0
! 望远镜参数，如果不同，需要修改
a=10.0d0/rd          !望远镜视场（度）
d=15.0               !望远镜口径（cm）
f=13.965             !望远镜焦距（cm）
rr=12.0              !能量集中度（微米）
eta=0.75             !光学透过率（微米）
gamma=1.0            !空间透过率（恒为1）
qe=0.58              !CCD量子效率
l=8.0                !CCD像元尺寸（微米）
sky=21.5             !天基天光
n=5.0                !CCD读出噪声（电子）
kb=1.0               !望远镜个数（一般为1）
open（unit=1,file='result.dat',status='unknown'）
kk=2.0*rr/l
AA=l/f*20.6265
```

```
print *,d,f,int (rr) ,eta,qe,l,sky,int (n) ,int (kb) ,kk,aa
print *, 'PLS INPUT h0'
read (*,*) h0
r0=re+h0

r=re+35800.0
do i=-20,20,5
x=i/rd
p=sqrt (r*r-r0*r0*cos (x) *cos (x) ) +r0*sin (x)
coseps= (r*r-r0*r0+p*p) /2/r/p
v=sqrt (mu* (coseps*coseps/r+1.0d0/r0) ) /p*206265
t= (kk+1) *aa/v
t1=t
psky=pi/4.0*d*d*eta*gamma*3.4e6*2.512** (-sky) *t1*qe*aa*aa
call lrbeta (l,rr,beta)

do j=180,50,-1
mxg=j/10.0
pobj=pi/4.0*d*d*eta*gamma*3.4e6*2.512** (-mxg) *t*qe*beta
xzb= pobj/sqrt (pobj+psky+n*n) *sqrt (kb)
if (xzb.ge.4.0) then
xg=mxg
xy=10.0d0** ( (-mxg+1.61d0) /5.0d0) *p
goto 10
endif
enddo


10 continue

print 100, i,xg,xy,p,v,int (t*1000)
write (1,100) i,xg,xy,p,v,int (t*1000)
enddo

100 format (1x,i6,4 (1x,f8.2) ,i6)
end

subroutine lrbeta (l,r,beta)          !计算光分散因子β子程序
real*8 l,r,sigma,beta,p (25) ,pai
data p/0.5398,0.5793,0.6176,0.6554,0.6915,0.7257,0.7580,0.7881,&
```

```
0.8159,0.8413,0.8643,0.8849,0.9032,0.91924,0.93319,0.94520,&
0.95543,0.96407, 0.97126,0.97725,0.98214,0.98610,0.98928,&
0.991802,0.99379/
sigma=r/1.28
x=10*l/sigma
if(x.ge.30)then
pai=1.0
else
n=int(x)
pai=p(n)+(p(n+1)-p(n))*(x-n)
endif
beta=(2*pai-1)/4.0
return
end
```

附录 4　计算优选平台高度的目标函数程序

启动本程序，输入平台高度，目标函数显示在屏幕的最后。中间结果如表 5-4 存放在 RESULT.DAT 之中。

说明：如果 α 不是 10°，需修改程序，编译后再启动。程序中计算无地影面积时，采用蒙特卡罗方法，投点 1 000 000 次，计算仍有误差，大概为 3 位有效数字，想得到更高精度，需要修改程序。

```fortran
program beta2
integer n（0:10）
real *8 a,b,re,pi,rd,r0,r,bb,cc,bbcc,db,dc,db1,dc1,bc,bbcc1,&
rx,ry,psi,lam,delta,ns,sp,i0,bl,mu,j2,na,aa,bl1,satn（17）,p,&
sgm
!data satn/131.9,390.8,835.4,1399.0,2781.4,2033.7,1214.5,&
!520.7,276.2,&
!245.5,548.0,678.7,203.9,138.3,63.8,55.2,45.6/
data satn/80.2,289.7,743.5,1171.0,1868.9,1253.7,928.0,420.2,&
247.2,230.6,527.7,674.0,185.3,120.3,51.9,44.9,40.4/
pi=3.141592653589793d0
rd=180.0d0/pi
a=10.0d0/rd      !如果alpha不是10度，修改此行
re=6378.13d0
mu=11467.88022d0
j2=0.001082636d0
call random_seed（）
open（unit=1,file='result.dat',status='unknown'）
print *, 'PLS INPUT r0'
read（*,*）r0
r0=re+r0
aa=r0/re
na=sqrt（mu/aa/aa/aa）
i0=acos（-2.0d0*0.985612284d0*aa*aa/rd/3.0d0/na/j2）*rd
b=pi/2-asin（（re+350）/r0）-a
p=2.0d0*pi/na
sgm=0
```

```
print *, na,aa,i0,p*1440,a*rd
do i=1,17
r=re+300+i*100
bb=asin (r0*cos (a+b) /r)
cc=asin (min (r0*cos (a-b) /r,1.0d0) )
db=a+b+pi/2.0d0-bb
dc=b-a+pi/2.0d0-cc

db1=b-a-pi/2.0d0+cc
dc1=a+b-pi/2.0d0+bb
snn=satn (i)

if (r.lt.r0) then
k=3
bbcc=sin (db) -sin (dc1)
bc=db-dc1
if (r.gt.r0*cos (b-a) ) then
k=2
bbcc=sin (db) -sin (dc)
bc=db-dc
bbcc1=2.0d0*pi* (sin (db1) -sin (dc1) ) *rd*rd
bc1=db1-dc1
endif

else
k=1
bbcc=sin (db) -sin (dc)
bc=db-dc
endif
bbcc=2.0d0*pi*bbcc*rd*rd
psi=asin (6402.0d0/r)
do ii=0,10
n (ii) =0
enddo

do nn=1,1000000
call random_number (rx)
lam=pi*rx
call random_number (ry)
delta=pi/2.0d0-db+bc*ry
```

```fortran
do j=0,10
ns= (i0-90-23.44+j*4.688) /rd
sp=acos (cos (delta) *cos (ns) +sin (delta) *sin (ns) *cos (lam) )
if (sp.le.psi) n (j) =n (j) +1
enddo
enddo
bl=1.0d0- (n (0) +n (10) +2* (n (1) +n (2) +n (3) +n (4) +n (5) +&
n (6) +n (7) +n (8) +n (9) ) ) /20000000.0d0
if (k.eq.2) then
do ii=0,10
n (ii) =0
enddo

do nn=1,1000000
call random_number (rx)
lam=pi*rx
call random_number (ry)
delta=pi/2.0d0-db1+bc1*ry

do j=0,10
ns= (i0-90-23.44+j*4.688) /rd
sp=acos (cos (delta) *cos (ns) +sin (delta) *sin (ns) *cos (lam) )
if (sp.le.psi) n (j) =n (j) +1
enddo
enddo
bl1=1.0d0- (n (0) +n (10) +2* (n (1) +n (2) +n (3) +n (4) +n (5) +&
n (6) +n (7) +n (8) +n (9) ) )  /20000000.0d0
print *, bc*rd,bbcc,bl,bc1*rd,bbcc1,bl1
bl= (bbcc*bl+bbcc1*bl1) / (bbcc+bbcc1)
bbcc=bbcc+bbcc1
bc=bc+bc1
endif
sgm=sgm+bbcc*bl*snn/100
print 100, 300+i*100,k,psi*rd,snn,bc*rd,bbcc,bl,bbcc*bl*snn/100
write(1,100)300+i*100,k,psi*rd,snn,bc*rd,bbcc,bl,bbcc*bl*snn/ 100
enddo
print *, sgm/p/100
100 format (i6,i3,4f10.3,f7.5,f11.3)
End
```

附录 5　计算限位对日定向方法的弧长程序

　　启动本程序，计算对日定向方法的弧长（表 5-4），存放在 RESULT.DAT 之中。

```
program beta1
real *8 a,re,pi,rd,r0,r,delta,bb,cc,bbcc,b,b1,del（4）,bc（4）,&
bc1（4）,eps,x,theta
data del/0.0d0,-23.44d0,13.0d0,-7.4d0/
pi=3.141592653589793d0
rd=180.0d0/pi
a=10.0d0/rd
re=6378.13d0
open（unit=1,file='result.dat',status='unknown'）
r0=re+500
x=10.0d0/rd        !安装角不是10度，修改此行

do i=1,15
r=re+500+i*100
theta=asin（r0/r）
doj=1,4
delta=del（j）/rd
eps=delta+7.4d0/rd
b=eps-x
b1=-x-eps
bb=asin（r0*cos（a+b）/r）
cc=asin（r0*cos（a-b）/r）
bbcc=a+a-bb+cc
bc（j）=bbcc*rd

bb=asin（r0*cos（a+b1）/r）
cc=asin（r0*cos（a-b1）/r）
bbcc=a+a-bb+cc
bc1（j）=bbcc*rd
```

```
enddo

print 100, 500+i*100,bc(1),bc1(1),bc(2),bc1(2),bc(3),&
bc1(3),bc(4),bc1(4)
write(1,100)500+i*100,bc(1),bc1(1),bc(2),bc1(2),bc(3),&
bc1(3),bc(4),bc1(4)
enddo

100 format(i6,8f8.3,f8.1)
end
```

后　　记

　　空间目标的天基探测问世后，大家最关心的是天基探测的编目能力以及天基探测独立编目的可能性。天基探测的编目能力取决于目标探测的覆盖率以及探测数据的数量和精度。

　　或许是受美国 SBV 探测器的影响，或许是 GEO 目标的数量较少，大家首先关注的是 GEO 目标的编目。GEO 目标的倾角分布的问题，使得获得大视场变得十分困难。

　　我们采用望远镜视场拼接方法，解决了大视场的问题，并采用地方时 20:15 过降交点的轨道，避开了地影，实现一个望远镜对 GEO 带目标的全覆盖，较好地解决了 GEO 带目标的探测问题。当然，我们还要解决望远镜探测能力的问题，以便探测到小目标。

　　对于 LEO 目标，由于目标数量多、倾角分布广、地影区域大，问题的解决更加困难。采用对日定向方法可以避开地影，使我们看到了一线曙光，但又碰到了冬至前后望远镜视场中出现地球的问题。避开地球需要较大的安装角，而安装角大了，探测弧长就要变短，这个问题使我们几乎要放弃对日定向方法。采用限位对日定向方法，避开了地球，同时探测弧长也有所提高，算是勉强解决了 LEO 目标避开地影的问题，目标覆盖率也有所提高。

　　当然，单星的探测能力仍是有限的，单星探测是不可能进行独立编目的。但是，我们看到了平台联网编目的可能性，而且前途非常光明：天基探测本身没有白天黑夜，也不受天气影响，如果我们避开了地影，而且能探测所有 LEO 目标，这就是一种 LEO 目标的"全天候"的光学探测，这是非常诱人的研究方向，希望有兴趣的年轻人继续努力。

　　由于本书的编写目的是单星天基探测，为了不影响出版计划，本书不再深入研究联网编目的问题，留作今后努力吧！

　　在本书的写作过程中，我们要特别感谢中国科学院长春光学精密机械与物理研究所王建立等同志，感谢他们提供了离轴三反式望远镜的设计，并对平台姿态控制问题进行了有益的讨论；要感谢吴会英同志，他提供了一些计算结果；同时，要感谢中科院南京天文仪器有限公司和国防科学技术大学的年轻人为本书绘制了一些插图。

中国科学院紫金山天文台　吴连大　熊建宁

国防科学技术大学　牛照东

福建福光股份有限公司　肖维军

2017 年 1 月